炒炒就好

懒人下厨

U0336029

著 爱厨房

北京科学技术出版社

目　录

PART 2 轻松补充蛋白质

PART 4 懒人也能做好水产海鲜类

PART 1

每天都得吃蔬菜

懒人妙招：不用刀切

忙碌了一天回到家，饥肠辘辘，
恨不得要使出三头六臂，瞬间搞定饭菜!
不使用砧板就是一个很重要的懒人妙招!

Point 1
挑选不用切的食材

我们需要挑选一些不用切的食材。如包菜、荷兰豆、大白菜
等，这一类菜洗一洗、撕撕掰掰就能下锅，省时又省力。

Point 2
某些蔬菜需选择易熟的品种

有些食材在只用手掰的情况下是需要先焯水再炒的，像菜花、西蓝花
等。为了省时，我们可以在购买食材时用些心思，选择较易熟的品
种，这样就不需要提前焯水，直接下锅炒即可。如菜花要选择花球松
散的一些品种。另外，花球松散的菜花也更容易清洗干净。

Point 3

巧用厨房工具

对于刀工不是很好的人来说，厨房里常备一个擦丝器，是非常不错的选择。像
土豆、莴笋、白萝卜、胡萝卜等根茎类蔬菜，经常需要切丝。只要有了擦丝神
器，你轻轻松松就能得到粗细均匀的菜丝。还有一个偷懒神器，就是——压蒜
器。当你需要较多的蒜蓉时，只要将大蒜拍破去皮，然后放入压蒜器中一压，
就能搞定。你最好再常备一把厨房专用剪刀，这也是能让你偷懒，帮你节省时
间的好助手。例如，当我们需要少量葱花时，如果有厨房专用剪刀，我们就不
需要动用刀与砧板，用剪刀剪一剪就可以了，很方便。

| 主料

包菜 ……………… 250 克

| 调料

花椒 ……… 10 粒左右
大蒜 …………………… 2 瓣
葱 ………………… 适量
干辣椒 …………… 适量
陈醋 ……………… 1 小匙
生抽 ……………… 1 小匙
盐 ………………… 适量
白糖 ……………… 1/3 小匙
鸡精 ……………… 少许

Tip

将陈醋沿锅边淋下，比直接倒在菜上味道更浓郁。

蔬菜 **酸辣手撕包菜**

| 做法

1. 包菜撕成小片，洗净沥干。大蒜去皮切成片，葱切成葱花。

2. 热锅放油，下入花椒，小火炸出香味后捞出。再放入干辣椒、蒜片、葱花，小火爆香。

3. 下入包菜，转大火，快速翻炒至包菜微微变色。

4. 加入生抽、盐、白糖、鸡精，沿锅边淋入陈醋，炒匀后即可出锅。

(蔬菜) **炝炒菜花**

主料

菜花 ·············· **250** 克

调料

大蒜 ················ 适量
葱 ·················· 适量
干辣椒丝············ 适量
花椒 ······ **10** 粒左右
鸡精 ················ 少许
白糖 ············ **1/3** 小匙
水淀粉 ·········· **1** 大匙
盐 ·················· 适量

Tips

1. 步骤 3 要用小
   火，以免炒煳。
2. 下入菜花后要转
   大火快炒，以
   免菜花的营养
   成分流失。

做法

1. 将菜花掰成小朵，洗净沥干。大
   蒜去皮切粒，葱切成葱花。

2. 起油锅，下入花椒，小火将其炸
   香后捞出。

3. 下入蒜粒、葱花、干辣椒丝，小
   火炒出香味。

4. 下入菜花，转大火炒匀。再加入
   少许水，稍微煮一下。最后放入
   盐、鸡精、白糖，淋入水淀粉，
   炒匀即可。

主料

白菜帮子 ………… 3 片

调料

大蒜 ……………	适量
葱 ………………	适量
干辣椒丝 ………	适量
醋 ………………	1 小匙
鸡精 ……………	少许
盐 ………………	适量
白糖 ……………	少许
水淀粉 …………	1 大匙
生抽 ……………	1 茶匙

Tips

1. 步骤 2 要用小火，以免炒煳。
2. 步骤 3 要转大火快炒，不要炒太久，以免营养成分流失。

蔬菜 # 酸辣大白菜

做法

1. 白菜帮子洗净，斜切成片。大蒜与葱切成末。醋、鸡精、盐、白糖、水淀粉、生抽混合制成调味汁。

2. 起油锅，下入蒜末、葱末、干辣椒丝，小火炒出香味。

3. 下入白菜帮子，转大火，快速翻炒几下。

4. 放入之前调好的调味汁，炒匀即可。

蔬菜 **蒜蓉炒豇豆**

主料

豇豆 …………… 400 克

调料

大蒜 ………………… 4 瓣
蚝油 ………… 1 小匙
白糖 ………… 1/2 小匙
鸡精 ………… 1/3 小匙
盐 ………………… 适量
水淀粉 ……… 2 大匙

做法

1. 豇豆择去头尾，洗净后掰成小段。 大蒜去皮切成末。

2. 热锅放油，下入蒜末，小火炒出香味。

3. 放入豇豆，转大火，炒匀。

4. 放入盐、白糖、蚝油、鸡精，炒匀。

5. 加入适量的水，盖上锅盖，煮约三四分钟。

6. 待豇豆熟透，锅内只剩下少许汤汁时倒入水淀粉炒匀
   即可出锅。

Tip

喜欢豇豆的口感软
一些的，可以在步
骤 5 煮久一些，喜
欢口感脆一些的，
煮的时间可短一些。

7

蔬菜 蒜蓉荷兰豆

| 主料

荷兰豆 ········· **150** 克

| 调料

大蒜 ···············**2** 瓣
葱 ···············适量
鸡精 ···············少许
白糖 ···············少许
盐 ···············适量
水淀粉 ····· **1½** 大匙

| 做法

1. 荷兰豆掐去两头，撕去老筋，洗净沥干。大蒜去皮，和
   葱一起切末。
2. 起油锅，下入葱蒜末，小火炒出香味。
3. 下入荷兰豆，转大火炒匀，再加入少许水，稍微煮一下。
4. 加入盐、白糖、鸡精，翻炒均匀后，倒入水淀粉，炒匀
   即可。

 Tip

荷兰豆不要炒得太
久，要大火快炒，
以确保其爽脆的口
感。

蔬菜 开胃冬瓜丝

主料	
冬瓜 ·············	**250** 克

调料	
大蒜 ··············	适量
姜 ·················	适量
葱 ·················	适量
蚝油 ··············	**1** 小匙
生抽 ··············	**1** 小匙
辣椒油 ··········	**1** 小匙
米醋 ··············	**2** 小匙
白糖 ··············	**1/2** 小匙
高汤或清水 ··	**2** 大匙
盐 ·················	适量

做法

1. 冬瓜去皮去瓤切成丝，大蒜、姜切末，葱切成葱花。
2. 在冬瓜丝中加入适量盐拌匀后腌制 10 分钟，然后用清水洗去多余的盐分，捞出挤干。
3. 将盐、高汤或清水、蚝油、生抽、辣椒油、米醋、白糖放入小碗中，拌匀成调味汁。
4. 热锅放油，下入姜蒜末，小火炒出香味。
5. 下入处理好的冬瓜丝，大火翻炒 3 分钟左右。
6. 倒入步骤 3 中调好的调味汁，炒匀后放入葱花，再次炒匀即可出锅。

Tips

1. 冬瓜中的水分较多，因此在切丝以后一定要用盐腌制并挤去多余的水分，不然炒熟之后难以成形。
2. 调味汁在下锅前要先拌匀再放，以免碗底有沉淀。
3. 爆香姜蒜末的时候要用小火，以免炒煳。

（蔬菜） **清炒莴笋丝**

| 主料

莴笋 ·················· **1** 根

| 调料

大蒜 ·················· **1** 瓣
葱 ·················· 适量
鸡精 ·················· **1/3** 小匙
白糖 ·················· 少许
盐 ·················· 适量

Tips

1. 步骤2要用小火，以免炒煳。
2. 下入莴笋丝之后，要转大火快炒，不要炒得太久，以确保莴笋爽脆的口感。

| 做法

1. 莴笋去皮洗净切成细丝，大蒜去皮切末，葱切末。

2. 热锅放油，下入葱蒜末，小火爆出香味。

3. 下入莴笋丝，大火快速翻炒1分钟。

4. 放入鸡精、盐、白糖，翻炒均匀即可。

酸辣萝卜丝

|主料

白萝卜 ·········· 500 克

|调料

姜末 ················ 适量
蒜末 ················ 适量
葱花 ················ 适量
盐 ·················· 适量
白糖 ·········· 1/3 小匙
鸡精 ·············· 少许
醋 ················ 2 小匙
油辣椒 ········· 1 小匙

Tip

白萝卜丝中的水分较多，因此要先用盐腌制后挤出多余的水分，这样炒出来口感才会爽脆。

|做法

1. 白萝卜去皮洗净切成细丝，加适量盐，拌匀腌制 5 分钟后，将腌制后的萝卜丝挤去多余的水分，待用。

2. 起油锅，下入姜末、蒜末、葱花爆香。

3. 放入萝卜丝，翻炒 2 分钟。

4. 放入白糖、鸡精、醋、油辣椒，炒匀即可。

蔬菜 **鱼香土豆丝**

主料

土豆 ············· 250 克

调料

红泡椒 ············· 1 个
大蒜 ············· 适量
葱 ············· 适量
白糖 ············· 2 小匙
料酒 ············· 1 小匙
醋 ············· 1 小匙
生抽 ············· 1½ 小匙
水淀粉 ············· 1 小匙
清水 ············· 1 大匙
盐 ············· 适量

做法

1. 土豆去皮切丝，红泡椒切末，大蒜与葱也切末。

2. 土豆丝用清水洗去表面的淀粉，然后放入清水中浸泡一会儿，捞出沥干。

3. 将白糖、料酒、醋、生抽、水淀粉、清水、盐放入小碗中，拌匀成调味汁。

4. 热锅放油，下入蒜末、葱末与泡椒末，炒出香味。

5. 下入土豆丝，翻炒约 2 分钟。如果觉得太干，可放入少许清水，炒匀。

6. 倒入调味汁，再次炒匀即可出锅。

Tips

1. 切好的土豆丝要用清水洗去表面的淀粉，这样炒出来才会清脆爽口。

2. 洗好的土豆丝再放入清水浸泡一会儿，会使其口感更爽脆。

3. 调味汁在下锅前要搅拌均匀，以免碗底有沉淀。

4. 如果没有泡椒，可用自己喜欢的辣酱代替。

蔬菜 **酸辣土豆丝**

|主料

土豆 ·············· **250 克**

|调料

大蒜 ················· **2 瓣**
葱 ·················· 适量
花椒 ········ **10 粒左右**
干辣椒丝········· 适量
陈醋 ··············· **2 小匙**
白糖 ········· **1/3 小匙**
高汤或清水 ··· **2 大匙**
鸡精 ················ 少许
盐 ·················· 适量

Tip
如果不喜欢吃到花椒时麻麻的口感，可在花椒炸出香味后捞出不要。

|做法

1. 土豆去皮切成细丝，放入清水中洗去表面的淀粉，再用清水浸泡一会儿捞出沥干。大蒜去皮切末，葱切成葱花。

2. 热锅放油，下入花椒、蒜末、干辣椒丝、葱花，小火炒香。

3. 下入土豆丝，翻炒 2 分钟后，放入高汤或清水，炒匀。

4. 放入盐、鸡精、白糖，沿锅边淋入陈醋，炒匀即可。

主料

土豆 ·············· **250** 克
青尖椒 ············ **30** 克

调料

姜 ················ 适量
葱 ················ 适量
大蒜 ·············· 适量
白糖 ·········· **1/3** 小匙
鸡精 ·············· 少许
盐 ················ 适量

Tip

步骤3要用小火，
以免炒煳。步骤4
下入土豆丝后要转
大火快炒。

蔬菜 **尖椒土豆丝**

做法

1. 土豆洗净去皮，切丝。用清水洗去表面的淀粉，再放入清水中浸泡片刻，然后捞出。

2. 青尖椒洗净去籽切丝，葱、姜、大蒜均切末。

3. 起油锅，下入葱末、姜末、蒜末，小火炒出香味。

4. 下入土豆丝，大火翻炒2分钟左右。

5. 下入青尖椒丝，炒匀。

6. 放入盐、白糖、鸡精，炒匀即可。

蔬菜 **鱼香双耳**

主料

水发黑木耳 … 150 克
水发银耳 … 150 克

调料

调料 A：

葱 …………………… 适量
姜 …………………… 适量
大蒜 ………………… 适量
剁椒 ………………… 1 小匙
郫县豆瓣 …………… 1 小匙

调料 B：

醋 …………………… 2 小匙
白糖 ………………… 1 小匙
酱油 ………………… 1 小匙
水淀粉 ……………… 2 大匙
清水 ………………… 2 大匙
鸡精 ………………… 少许
盐 …………………… 适量

做法

1. 将黑木耳与银耳用清水泡发。
2. 泡发的黑木耳与银耳择洗干净，撕成小朵。
3. 葱、姜、蒜均切成末，郫县豆瓣剁碎。
4. 将调料 B 中的所有调料放入小碗中，拌匀成调味汁。
5. 起油锅，下入葱、姜、蒜、郫县豆瓣、剁椒，炒出红油。
6. 下入沥干的黑木耳与银耳，翻炒 2 分钟后，倒入调味汁，炒至汤汁浓稠。

步骤 6 倒入调味汁之前要先将调味汁拌匀，以免碗底有沉淀。

19

懒人妙招：巧加一种主料，风味更佳

懒人的生活也要精致，
懒人的餐桌也要丰富。
我们是懒人，但我们吃得不将就！

只需简单添加一种主料，
原本普通的菜品就能带给你全新的味觉体验。
例如，加了少许虾皮的虎皮尖椒比传统的虎皮尖椒更有风味。

用到多种主料的时候，
要注意不同食材的下锅顺序。
不易熟的要先下锅，
炒至半熟后再下入易熟的食材，
这样就能保证出锅时所有食材都拥有最佳的口感。
例如：香菇炒芹菜，
香菇相对难熟一些，
而芹菜却很容易熟。
此时，我们就需要先将香菇炒软，
再下入芹菜，
然后再稍微炒一下就可以出锅了。

主料

番茄 ·············· **120** 克
包菜 ·············· **100** 克

调料

葱 ················· 适量
大蒜 ·············· 适量
鸡精 ·············· 少许
白糖 ··········· **1/3** 小匙
盐 ················· 适量

Tip

番茄含有番茄红素，它不溶于水。因此将番茄用油煸炒，更利于番茄红素被人体吸收。

蔬菜 **番茄炒包菜**

做法

1. 包菜洗净撕成小块，番茄去皮切成月牙块，葱切成葱花，大蒜去皮切成片。

2. 热锅放油，下入葱花与蒜片爆出香味。

3. 下入番茄，快速翻炒几下。

4. 下入包菜，翻炒至包菜变色后，加入盐、鸡精、白糖，炒匀。

番茄炒菜花

主料

番茄…………200 克
菜花 ………200 克

调料

葱…………… 适量
鸡精 ……… 少许
白糖……… 1/3 小匙
盐…………… 适量

Tip

菜花中容易藏匿小虫子，洗菜花的时候，可以在水中放少许盐，然后将掰成小朵的菜花浸泡一会儿，这样藏在里面的小虫子就会浮出来，菜花就很容易洗净了。

做法

1. 番茄去皮，切成小丁，葱切成葱花。

2. 将菜花掰成小朵，洗净沥干。

3. 热锅放油，下入番茄丁，炒成酱汁状。

4. 下入菜花，炒匀，再加入少许水，稍微焖一下。

5. 加入适量的盐、鸡精、白糖，炒匀。

6. 最后放入葱花，炒匀即可。

| 主料

绿豆芽 ········ **200** 克
红尖椒 ········ **20** 克
青尖椒 ········ **20** 克

| 调料

大蒜 ·············· **2** 瓣
蚝油 ·············· **2** 小匙
白糖 ········ **1/3** 小匙
盐 ················· 少许

Tips

1. 蚝油中含有盐分，所以步骤 4 中只需放少许盐即可。
2. 这道菜要大火快炒，不要炒得太久，以免营养成分流失。

蔬菜 **双椒炒银芽**

| 做法

1. 绿豆芽择去头尾，洗净沥干。青、红尖椒洗净去籽切丝，大蒜去皮切片。

2. 热锅放油，下入蒜片，爆出香味后放入青、红尖椒丝，翻炒几下。

3. 下入绿豆芽，翻炒约 2 分钟。

4. 放入盐、白糖后，放入蚝油，炒匀即可。

虎皮尖椒

| 主料

青尖椒 ········· **250** 克
虾皮 ··········· **2** 克

| 调料

葱 ····················· 适量
姜 ····················· 适量
大蒜 ··············· 适量
陈醋 ············· **1** 小匙
白糖 ········· **1/3** 小匙
生抽 ············· **1** 小匙
鸡精 ··············· 少许
盐 ····················· 适量

Tips

1. 加了少许虾皮的虎皮尖椒比传统的虎皮尖椒更有风味！虾皮的用量不需太多，能提味增鲜即可。

2. 炒虾皮的时候，火不要太大，以免炒煳。

3. 用刀背将青尖椒拍扁的时候要注意安全，不要让青尖椒籽溅到眼睛里。

4. 步骤4下入青尖椒后，用锅铲轻压青尖椒，让它与锅壁更好地接触，可使其表皮更快地呈虎皮状。

| 做法

1. 青尖椒洗净去蒂，用刀背拍扁，去籽。

2. 将适量盐撒在拍扁的青尖椒上，拌匀。

3. 虾皮洗净沥干，大蒜与姜切末，葱切成葱花。

4. 热锅放油，下入青椒，用锅铲轻压，使之与锅壁接触。

5. 将青尖椒煸至表皮呈虎皮状。

6. 将煸好的青尖椒推至锅的一边，下入虾皮、姜蒜末，炒出香味。

7. 将所有材料炒匀。

8. 放入白糖、生抽、鸡精、葱花，沿锅壁淋入陈醋，炒匀即可。

蔬菜 **韭菜炒虾皮**

主料	
韭菜	**250** 克
虾皮	**3** 克

调料	
姜末	适量
辣椒酱	少许
料酒	**1** 小匙
白糖	少许
盐	适量

Tips

1. 步骤3要用小火，以免炒煳。
2. 韭菜要转大火快炒，以保留韭菜的清香。
3. 如果怕辣可不放辣椒酱。

| 做法

1. 韭菜择洗干净，切成约3厘米长的段。

2. 虾皮洗净，用厨房纸吸干表面水分。

3. 起油锅，下入虾皮与姜末，小火将虾皮炒至金黄香酥。再下入料酒，炒匀。

4. 放入韭菜、辣椒酱、盐、白糖，炒匀即可。

主料

水发香菇............**4** 朵
芹菜 ....**120** 克

调料

大蒜 ....**1** 瓣
鸡精 ....少许
白糖 ....**1/3** 小匙
水淀粉 ....**2** 大匙
盐 ....适量

Tip

水发香菇要浸泡至
完全没有硬芯，洗
净后不要将香菇中
的水分完全挤出。
如果有鲜香菇，可
用鲜香菇代替。

蔬菜 香菇炒芹菜

做法

1. 香菇洗净切片。芹菜择去叶子，
   切去根部，洗净后切成约 3 厘米
   长的段。大蒜去皮切成粒。

2. 热锅放油，下入蒜粒，小火爆出
   香味。

3. 下入香菇，转大火，翻炒至香菇
   变软。

4. 下入芹菜，炒匀。

5. 放入盐、鸡精、白糖，炒匀。

6. 淋入水淀粉，勾薄芡即可。

蔬菜 **肉酱茄子**

| 主料

茄子 ············· **250** 克

猪肉末 ·········· **80** 克

| 调料

调料 A:

郫县豆瓣··· **1½** 小匙

大蒜 ············· 适量

葱 ················· 适量

盐 ················· 适量

调料 B:

清水 ············· **2** 大匙

水淀粉 ········· **2** 大匙

酱油 ············· **1** 小匙

白糖 ·········· **1/2** 小匙

鸡精 ············· 少许

| 做法

1. 茄子洗净去蒂，切成粗条，放入适量盐，拌匀待用。

2. 郫县豆瓣剁碎，大蒜切末，葱切成葱花。

3. 将调料 B 中的所有调料放入小碗中，拌匀成调味汁。

4. 起油锅，下入茄条，炒至茄条变软后盛出待用。

5. 锅内余油，下入肉末，炒至出油，拨到锅边，放入郫县豆瓣与蒜末，炒出红油。

6. 下入炒好的茄子翻炒均匀，倒入调味汁，烧至汤汁浓稠。最后放入葱花，炒匀即可。

Tips

1. 茄子切条之后用少许盐腌制，炒的时候会比较省油。

2. 郫县豆瓣比较咸，茄子也用盐腌制过，所以炒的时候无需再放盐；调味汁在下锅前要搅拌均匀，以免碗底有沉淀。

麻辣藕片

| 主料

莲藕 ⋯⋯⋯⋯ **300** 克

| 调料

花椒 ⋯⋯⋯	**20** 粒左右
干辣椒丝⋯⋯⋯	适量
大蒜 ⋯⋯⋯	适量
葱 ⋯⋯⋯	适量
盐 ⋯⋯⋯	适量
白糖 ⋯⋯⋯	**1/3** 小匙
鸡精 ⋯⋯⋯	少许
生抽 ⋯⋯⋯	**1** 小匙
水淀粉 ⋯⋯	**2** 大匙
郫县豆瓣⋯⋯	**2** 小匙
花椒粉 ⋯⋯	少许

| 做法

1. 将莲藕洗净，削去表皮，切成薄片。大蒜去皮切粒，葱切成葱花。郫县豆瓣剁碎。

2. 起油锅，下入蒜粒、葱花、花椒、干辣椒丝、郫县豆瓣，小火炒出香味。

3. 下入藕片，转大火炒匀。

4. 放盐、白糖、鸡精、生抽，炒匀。最后倒入水淀粉，放入少许花椒粉炒匀即可。

Tips

1. 切片后的莲藕如果不马上烹饪，最好放在清水中浸泡，以防变色。

2. 步骤 2 要用小火，以免炒煳。

3. 如果没有现成的干辣椒丝，可以将干辣椒洗净抹干，然后去籽剪成丝。

蔬菜 **双椒炒藕丝**

| 主料

莲藕 ············· **250** 克
青尖椒 ·········· **1** 个
红尖椒 ·········· **1** 个

| 调料

大蒜 ············· **1** 瓣
葱 ··············· 适量
白糖 ············· **1** 小匙
鸡精 ············· 少许
盐 ··············· 适量

| 做法

1. 青、红尖椒洗净分别切成约 5 厘米长的丝，大蒜去皮切片，葱切成段。

2. 莲藕刨去表皮，洗净，先切成约 5 厘米长的段，再将每一段顺着孔切成丝。将切好的莲藕放入清水中浸泡，以防变色。

3. 热锅放油，下入蒜片与葱段，炒出香味。

4. 下入沥干的莲藕，翻炒约 2 分钟。

5. 下入青、红尖椒丝，炒匀。

6. 放入盐、白糖、鸡精，再次炒匀即可出锅。

Tips

1. 莲藕要顺着孔切才能切出比较长的丝。

2. 切好的莲藕丝要及时放入清水中浸泡，以防变色。

3. 切成丝的莲藕很容易熟，因此这道菜要大火快炒，不要炒得太久了。

33

蔬菜 胡萝卜炒香菇

主料

胡萝卜 ········ **150** 克
鲜香菇 ········ **60** 克

调料

青尖椒 ····· **25** 克
鸡精 ········ 少许
葱花 ········· 适量
姜丝 ········· 适量
水淀粉 ········ **2** 大匙
盐 ············· 适量

Tips

1. 如果没有鲜香菇，也可用干香菇代替，但是要将干香菇充分泡发至没有硬芯。
2. 胡萝卜丝不要切得太细，否则炒熟后容易碎。

做法

1. 胡萝卜洗净去皮，切成稍粗的丝。香菇洗净切片，青尖椒去籽切丝。

2. 热锅放油，爆香姜丝后放入胡萝卜丝，翻炒约 2 分钟。

3. 下入香菇片，炒至变软。

4. 下入青尖椒丝，炒匀。

5. 放入鸡精、盐，炒匀。

6. 最后放入葱花，倒入水淀粉，炒匀即可。

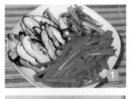

PART 2

轻松补充蛋白质

懒人妙招：常备鸡蛋和豆制品

鸡蛋不仅价格亲民，营养价值高，
味道好，而且烹饪起来简单快手。
每当急着开饭或想偷懒却又想吃得有营养的时候，
"炒几个鸡蛋吧"就成了最佳的选择。
豆制品也是公认的平价营养佳品，
它能给人体提供优质的植物蛋白。
我们最常使用的豆制品，
如豆腐、豆干等，烹饪起来非常快手，
也是懒人快手菜最常用的食材之一。

Point 1
鸡蛋保鲜小秘诀

鸡蛋是冰箱里常备的食材，如何让鸡蛋保持新鲜非常重要。
有两点需要注意：买回家的鸡蛋，如果表面比较脏，可以将
纸巾先浸湿再拧干，用其将鸡蛋表面擦拭干净。切记不要用
水洗鸡蛋，水洗过的鸡蛋容易变质，不利于保存。
二是，将鸡蛋擦拭干净后，让其小头朝下大头朝上，将其立
着放入鸡蛋储存盒中，再放入冰箱冷藏保存。这是因为鸡蛋
也需要"呼吸"，而鸡蛋的气室在鸡蛋大的一头，让大头朝
上，可以让鸡蛋"呼吸"起来更加顺畅，这样更利于鸡蛋的
保存。

Point 2

蛋液中加点儿料，炒出的鸡蛋更好吃

炒鸡蛋看似简单，其实也藏着一个小秘密：将蛋液打散后，加入一小匙水、滴入几滴料酒，再拌匀，这样就可以做出又滑又嫩的炒鸡蛋了。

Point 3

去除豆腥味的好方法

在用豆腐做菜时，可以先将豆腐切成小块放入盐水中浸泡一会儿，这样既可去除豆腥味，也可使豆腐在接下来的烹饪过程中不易碎且更易入味。

Point 4

放入冷藏室慢慢泡发

干腐竹等豆制品需要提前泡发，在准备做饭时再来泡发肯定会来不及，可若是早上上班前就开始室温下正常泡发则可能出现豆制品变质的情况，我们可以早上上班前将其放在冰箱冷藏室里慢慢泡发。冷藏室里的低温可以减缓泡发的速度，从而延长泡发所需时间，避免出现因泡发时间过长而将豆制品泡坏的情况。

（鸡蛋）**胡萝卜炒鸡蛋**

主料

胡萝卜	**180** 克
鸡蛋	**2** 个

调料

姜丝	适量
葱段	适量
盐	适量
水淀粉	**2** 大匙
料酒	**1** 小匙
清水	**2** 小匙

Tips

1. 炒鸡蛋的时候，油量要够，油温要高，这样炒出来的鸡蛋才膨松好吃。
2. 炒胡萝卜时如果觉得太干，可加入少许清水。

做法

1. 胡萝卜洗净去皮，切成粗丝。
2. 鸡蛋打散成蛋液，加入料酒、清水拌匀。
3. 热锅放油，下入蛋液，待底部凝固后炒散成小块，盛出待用。
4. 锅内余油，下入姜丝与胡萝卜丝，炒至胡萝卜丝变软。
5. 放入适量盐，炒匀。
6. 放入步骤 3 炒好的鸡蛋，炒匀后，放入葱段，淋入水淀粉，炒匀即可。

主料

韭菜 ………… **100** 克
鸡蛋 ………… **2** 个

调料

料酒 ………… **1/2** 小匙
清水 ………… **2** 小匙
白糖 ………… 少许
盐 …………… 适量

Tip

蛋液中加入少许料酒,可以去腥;加入少许清水拌匀,这样炒出来的鸡蛋口感滑嫩。

鸡蛋 **韭菜炒鸡蛋**

做法

1. 韭菜择洗干净后切成约 3 厘米长的段。鸡蛋打散成蛋液,加入料酒、清水拌匀。

2. 起油锅,倒入蛋液,待蛋液底部凝固后将其炒散,盛出待用。

3. 锅内余油,下入韭菜,快速翻炒几下。

4. 放入步骤 2 炒好的鸡蛋,加入适量盐、白糖,炒匀即可。

苦瓜炒鸡蛋

鸡蛋

| 主料

苦瓜 ·············· **130** 克
鸡蛋 ·················· **2** 个

| 调料

姜 ··················· 适量
葱 ··················· 适量
剁椒 ··········· **1/2** 小匙
白糖 ··············· 少许
盐 ··················· 适量
生抽 ··············· **1** 小匙
水淀粉 ········· **2** 大匙
料酒 ··········· **1/2** 小匙
清水 ············· **2** 小匙

| 做法

1. 苦瓜剖成两半，用勺子挖净里面的瓤。

2. 将苦瓜切成条，放入适量盐，拌匀腌制约 10 分钟，然后用清水清洗几遍，挤干水分。

3. 鸡蛋打散成蛋液，放入料酒与清水拌匀。姜与葱切末。

4. 热锅放油，下入蛋液，待底部凝固后炒散成小块，盛出待用。

5. 锅内余油，下入葱姜末，小火炒出香味，下入苦瓜与剁椒，转大火，翻炒均匀。

6. 下入步骤 4 炒好的鸡蛋，放入盐、白糖、生抽，炒匀，最后淋入水淀粉，炒匀后即可出锅。

Tips

1. 蛋液中加入少许料酒，可去腥味；加一点儿清水，炒出来的鸡蛋会比较滑嫩。

2. 剁椒可换成自己喜欢的任意一种辣酱，如果不喜欢吃辣也可不放。

黄瓜火腿肠炒鸡蛋

主料

黄瓜 ——————— **150** 克
火腿肠 ———————— **100** 克
鸡蛋 ————————— **2** 个

调料

大蒜 ——————————— 适量
葱 ——————————— 适量
盐 ——————————— 适量
料酒 ——————————— **1** 小匙
白糖 ——————— **1/3** 小匙
清水 ——————————— **2** 小匙
水淀粉 ——————— **1 ½** 大匙

做法

1. 黄瓜洗净切片，火腿肠切片，鸡蛋打散成蛋液，加入料酒与清水拌匀。大蒜去皮切片，葱切段。

2. 热锅放油，下入蛋液，待其底部凝固后炒散成块，盛出待用。

3. 锅内余油，下入蒜片与葱段，炒出香味后下入火腿肠，翻炒均匀。

4. 下入黄瓜与步骤 2 炒好的鸡蛋，炒匀。最后放入盐、白糖、水淀粉，炒匀即可。

Tips

1. 蛋液中加入少许料酒拌匀，可去腥味；加入少许清水拌匀，炒出来的鸡蛋口感滑嫩。

2. 步骤 4 黄瓜下锅后要大火快炒，不要炒得太久，以确保其爽脆的口感。

鸡蛋 番茄炒鸡蛋

主料	
番茄 ·············	**120** 克
鸡蛋 ·············	**2** 个

调料	
姜 ··············	适量
葱 ··············	适量
料酒 ·············	**1** 小匙
清水 ·············	**1** 小匙
盐 ··············	适量
白糖 ·············	少许

做法

1. 番茄洗净，用刀在顶端与底部划十字。

2. 放入沸水中，烫约 1 分钟后捞出，撕去表皮。将去皮的番茄切成月芽块，姜切末，葱成段。

3. 鸡蛋打散成蛋液，加入料酒与清水，拌匀。

4. 热锅放油，下入蛋液，待底部凝固后炒散成块，盛出待用。

5. 锅内余油，下入姜末，煸炒出香味。

6. 下入番茄，翻炒 1 分钟。

7. 倒入步骤 4 炒好的鸡蛋，翻炒均匀。

8. 放入盐、白糖、葱段，炒匀即可出锅。

Tips

1. 番茄不好去皮，在番茄的顶端与底部轻轻地划十字，再放入沸水中烫一下，就可以轻松去皮了。

2. 在蛋液中加入少许料酒，可以去除腥味；在蛋液中加入少许水，炒出来的鸡蛋更滑嫩。

3. 炒鸡蛋时不要放味精，否则会破坏鸡蛋本身的鲜味。

西葫芦炒鸡蛋

主料

西葫芦 ········· **200** 克
鸡蛋 ·············· **2** 个

调料

红尖椒 ············· **1** 个
姜 ················· 适量
葱 ················· 适量
料酒 ············· **1** 小匙
清水 ············· **2** 小匙
盐 ················· 适量
白糖 ············· **1/2** 小匙
水淀粉 ········· **2** 大匙

做法

1. 西葫芦洗净切去头尾，斜切成条。红尖椒洗净切丝，姜切丝，葱切成葱花。

2. 鸡蛋打散成蛋液，加入料酒与清水拌匀。

3. 热锅放油，下入蛋液，底部凝固后炒散成小块，盛出待用。

4. 锅内余油，下入西葫芦、红尖椒丝、姜丝，翻炒约 2 分钟。

5. 放入步骤 3 炒好的鸡蛋，炒匀后，放入适量盐、白糖，炒匀。

6. 放入葱花，淋入水淀粉，炒匀即可。

Tips

1. 下入西葫芦后要大火快炒，不要炒得太久，以免营养流失。

2. 炒鸡蛋的时候不要放味精，否则会破坏鸡蛋本身的鲜味。

3. 可将西葫芦换成黄瓜，炒出来同样好吃。

青尖椒煎蛋

鸡蛋

|主料

青尖椒 .... **2** 个
鸡蛋 .... **2** 个

|调料

葱 .... 适量
料酒 .... **1/2** 小匙
清水 .... **2** 小匙
盐 .... 适量

| 做法

1. 青尖椒洗净，去蒂去籽切末，葱切成葱花。鸡蛋打散成蛋液，放入料酒与清水拌匀。

2. 起油锅，下入葱花，炒出香味。

3. 下入青尖椒末，翻炒约 1 分钟。

4. 放入盐，炒匀。

5. 倒入蛋液，煎至蛋液凝固。

6. 翻面，煎至两面金黄即可。

Tips

1. 蛋液中加入少许料酒，可去腥味；加入清水拌匀，炒出来的鸡蛋口感滑嫩。

2. 蛋液凝固之后火不要太大，以免炒煳。

3. 如果想煎成一整块蛋饼，可以增加鸡蛋的用量，同时加入少许水淀粉。

豆制品 芹菜炒香干

|主料

芹菜 ············· **200** 克
香干 ············· **1** 块

|调料

大蒜 ············· 适量
葱 ··············· 适量
油辣椒 ········· **1** 小匙
鸡精 ············· 少许
白糖 ············· **1/3** 小匙
水淀粉 ········· **2** 大匙
盐 ··············· 适量

|做法

1. 芹菜择去根叶，洗净后切成约 5 厘米长的段。香干切丝，大蒜去皮切片，葱切段。

2. 起油锅，下入蒜片与葱段，小火爆香。

3. 下入香干，炒至表面微黄。

4. 放入芹菜，大火炒匀后放入盐、油辣椒、鸡精、白糖，炒匀。最后淋入水淀粉，炒匀即可。

Tips

1. 如果不吃辣就不要放油辣椒了，那样炒出来口感会很清爽。

2. 下入芹菜后，要大火快炒，断生即可，以确保芹菜清香的口感。

豆制品 小炒香干

主料

香干 ⋯⋯⋯⋯⋯ **2** 块
蒜苗 ⋯⋯⋯⋯⋯ **20** 克

调料

姜 ⋯⋯⋯⋯⋯ 适量
郫县豆瓣 ⋯⋯⋯ **1** 大匙
鸡精 ⋯⋯⋯⋯ 少许
白糖 ⋯⋯⋯⋯ **1/3** 小匙
生抽 ⋯⋯⋯⋯ **1** 小匙
高汤或清水 ⋯ **3** 大匙
盐 ⋯⋯⋯⋯⋯ 适量

做法

1. 香干切成片，蒜苗洗净斜切成段，郫县豆瓣剁碎，姜切末。
2. 锅内放油，烧热后下入郫县豆瓣与姜末，炒出红油。
3. 下入香干片，炒匀。
4. 放入高汤或清水，炒匀。
5. 放入鸡精、盐、白糖、生抽，炒匀。
6. 待汤汁收干后放入蒜苗，炒匀即可。

Tips

1. 郫县豆瓣中含有盐分，所以需酌量放盐。
2. 步骤 2 要用小火，以免炒煳。
3. 步骤 6 放入蒜苗后不要炒得太久，以保持蒜苗的清香。

豆制品 鸡蛋炒豆腐

主料

南豆腐 ········· **300** 克

鸡蛋 ················· **2** 个

韭菜 ················· **15** 克

调料

剁椒 ··············· **1** 小匙

料酒 ·········· **1/2** 小匙

清水 ··············· **2** 小匙

盐 ····················· 适量

做法

1. 韭菜洗净切小碎段，鸡蛋打散成蛋液，加入料酒与清水拌匀。

2. 热锅放油，下入南豆腐，用锅铲将其压碎。

3. 翻炒约 2 分钟。

4. 加入适量盐，炒匀。

5. 倒入鸡蛋液。

6. 炒至蛋液凝固、色泽金黄。

7. 加入韭菜与剁椒。

8. 炒匀即可出锅。

Tips

1. 豆腐可放在锅里用锅铲压碎，也可将其弄碎后再下锅。

2. 最好选用比较嫩的南豆腐，这样吃起来口感好一些。

3. 韭菜下锅后炒的时间不要太长，以确保其清香的口感。

4. 如果怕辣可不放剁椒。

豆制品 **家常炒豆腐**

| 主料

北豆腐 ········· **200** 克
猪肉末 ········· **50** 克

| 调料

青尖椒 ········· **15** 克
大蒜 ············· **2** 瓣
葱 ················· 适量
油辣椒 ········· **1** 小匙
酱油 ············· **1** 小匙
白糖 ········· **1/2** 小匙
鸡精 ············· 少许
水淀粉 ········· **2** 大匙
高汤或清水··· **50** 毫升
盐 ················· 适量

| 做法

1. 北豆腐切成约 0.3 厘米厚的片。青尖椒去籽切片，大蒜去皮切片，葱切段。肉末加盐与 1/2 小匙水淀粉拌匀。

2. 热锅放油，下入豆腐片，煎至两面金黄后盛出待用。

3. 锅内余油，放入葱段中的葱白部分、蒜片、肉末，炒至肉末变色。

4. 下入步骤 2 煎好的豆腐，倒入高汤或清水，放入油辣椒，炒匀后烧至汤汁收干。

5. 下入青尖椒，炒匀后，放入盐、鸡精、白糖、酱油，再次炒匀。

6. 放入剩下的葱段，淋入水淀粉，炒匀即可。

Tips

1. 煎豆腐的时候，先煎黄一面再翻面煎另一面，不要一下锅就翻动，这样会使豆腐破碎。

2. 如果在翻面的时候发现豆腐已经粘锅了，可以将火关掉，待锅的温度降低后，豆腐会自动与锅分离，这时就可以很轻松地翻面了。这种方法也适用于别的食材粘锅的时候。

豆制品 大葱炒豆腐

主料

南豆腐 ········· **300** 克
大葱 ··············· **50** 克

调料

鸡精 ··············· 少许
白糖 ··············· 少许
五香粉 ··········· 少许
生抽 ··············· **1** 小匙
盐 ··················· 适量

做法

1. 大葱洗净，斜切成段。

2. 热锅放油，将豆腐放在手掌上，轻轻切成约 1 厘米厚的片，一片片地放入锅内。

3. 煎黄一面后翻面，煎至豆腐两面金黄。

4. 加入盐与五香粉后，放入约 50 毫升清水。

5. 大火烧至锅内剩下少许汤汁时下入大葱。

6. 用手颠锅，颠匀后，下入鸡精、白糖、生抽，颠匀后即可出锅。

Tips

1. 南豆腐软嫩，煎的时候不要随便翻动，要待一面煎好后再小心翻面，以免破碎。

2. 下入大葱后最好不要用锅铲翻动，而是晃动锅，以免豆腐碎掉。

3. 南豆腐的口感比较细嫩，为了保持豆腐的完整性，在炒制过程中难度稍大一些。也可将南豆腐换成口感稍硬一些的北豆腐来做这道菜。

豆制品 **香菇炒油豆腐**

主料	
油豆腐泡	**150** 克
鲜香菇	**30** 克

调料	
青尖椒	**30** 克
大蒜	适量
姜	适量
葱	适量
高汤	**80** 毫升
生抽	**1** 小匙
白糖	**1/3** 小匙
鸡精	少许
盐	适量

做法

1. 将油豆腐泡切成两半。
2. 青尖椒洗净去籽切丝，香菇洗净切片，大蒜去皮切片，姜切丝，葱切段。
3. 热锅放油，下入蒜片和姜丝，爆出香味。
4. 下入香菇片，炒匀。
5. 下入油豆腐泡与青尖椒丝，再次炒匀。
6. 放入高汤，翻炒几下后，放入盐、白糖、鸡精、生抽、葱段，炒匀即可。

Tips

1. 如果没有高汤，可用清水代替。
2. 如果没有鲜香菇，也可用泡发的干香菇代替，但是要将干香菇泡发至完全没有硬芯。
3. 油豆腐泡会吸收大量的水分，因此高汤的用量不要太少，以免油豆腐吃起来发干。

豆制品 宫保豆腐

主料

北豆腐 ········ **250** 克
胡萝卜 ········· **50** 克
西芹 ··········· **50** 克
花生米（油炸）
　　 ·········· **20** 克

调料

大蒜 ··········· **2** 瓣
水淀粉 ········ **2** 大匙
清水 ·········· **2** 大匙
鸡精 ··········· 少许
白糖 ··········· **1** 小匙
醋 ············· **2** 小匙
酱油 ··········· **1** 小匙
料酒 ··········· **1** 小匙
芝麻油 ····· **1/3** 小匙
盐 ·············· 适量

做法

1. 北豆腐切成约 1 厘米见方的小丁。
2. 胡萝卜与西芹切小丁，大蒜去皮切片。将除大蒜外的
   所有调料拌匀成调味汁。
3. 热锅放油，下入豆腐丁，煎至金黄后盛出待用。
4. 锅内余油，下入蒜片与胡萝卜丁，翻炒 2 分钟。
5. 放入西芹丁与步骤 3 炒好的豆腐丁，炒匀。
6. 将调味汁搅匀后倒入锅中，烧至汤汁快收干后关火，
   放入花生米，拌匀即可。

Tips

1. 要选用质地较硬
   的北豆腐，因为
   南豆腐太嫩，不
   适合做这道菜。
2. 步骤 6 要关火后
   再放花生米，以
   保持其酥脆的口
   感。

家常麻婆豆腐

主料

南豆腐 ········· **300** 克
牛肉末 ········· **100** 克

调料

郫县豆瓣 ······· **1** 大匙
花椒粉 ··········· 适量
姜 ················· 适量
葱 ················· 适量
干淀粉 ········· **1** 小匙
白糖 ··········· **1/2** 小匙
料酒 ··········· **1** 小匙
酱油 ··········· **1** 小匙
鸡精 ············· 少许
盐 ················· 适量
水淀粉 ········· **2** 大匙

做法

1. 将南豆腐切成约 1.5 厘米见方的小块，放入水中，加少许盐，浸泡片刻后捞出。

2. 牛肉末中加入盐、干淀粉、1 小匙油拌匀。郫县豆瓣剁碎，姜切末，葱切成葱花。

3. 起油锅，下入牛肉末，炒至变色。

4. 放入郫县豆瓣与姜末，炒出红油。

5. 放入适量水，烧开后放入豆腐。

6. 烧至汤汁浓稠时放入盐、鸡精、白糖、酱油、料酒，淋入水淀粉，轻轻地推匀。最后放入葱花，撒入花椒粉即可。

Tips

1. 将豆腐放入淡盐水中浸泡，可去豆腥味，也可使豆腐不易碎。

2. 豆腐下锅后，放入调料后用锅铲轻轻地推匀即可，以防豆腐碎掉。

3. 郫县豆瓣比较咸，所以要酌量放盐。

主料

水发腐竹⋯⋯⋯ **120** 克
水发黑木耳⋯ **100** 克

调料

剁椒 ⋯⋯⋯⋯⋯ **1** 小匙
大蒜 ⋯⋯⋯⋯⋯⋯ **1** 瓣
葱⋯⋯⋯⋯⋯⋯⋯ 适量
白糖 ⋯⋯⋯⋯ **1/3** 小匙
水淀粉 ⋯⋯⋯ **2** 大匙
高汤或清水 ⋯ **3** 大匙
蚝油 ⋯⋯⋯⋯⋯ **1** 小匙
盐 ⋯⋯⋯⋯⋯⋯⋯ 适量

做法

1. 泡发好的黑木耳去蒂洗净撕成小朵，腐竹切成约 5 厘米长的段，大蒜去皮切片，葱切段。

2. 热锅放油，下入蒜片爆香。

3. 下入黑木耳，翻炒均匀。

4. 下入腐竹和剁椒，翻炒均匀。

5. 倒入高汤或清水，放入盐、白糖、蚝油，炒匀。

6. 最后放入葱段，倒入水淀粉，炒匀勾薄芡即可。

Tips

1. 腐竹与黑木耳要提前用清水泡发，最好用冷水泡发，冬天也可用温水，但不宜用热水。

2. 剁椒与耗油中均含有盐分，所以炒的时候需酌量放盐。

（豆制品） **西芹炒腐竹**

|主料

西芹 ·············· **100** 克
水发腐竹········· **40** 克

|调料

剁椒 ·············· **1** 小匙
大蒜 ················ **1** 瓣
葱 ················· 适量
白糖 ··········· **1/4** 小匙
鸡精 ················ 少许
生抽 ·············· **1** 小匙
水淀粉 ········· **1** 大匙
高汤或清水 ··· **2** 大匙
盐 ················· 适量

Tip

腐竹要完全泡发，
要用冷水或温水泡
发，不宜用热水。

|做法

1. 将腐竹放入清中水浸泡约 30 分钟至完全泡发。

2. 泡发好的腐竹沥干，与西芹均切成约 5 厘米长的粗丝。大蒜去皮切成片，葱切成葱花。

3. 热锅放油，下入蒜片，爆出香味。

4. 下入腐竹与西芹，快速翻炒约 2 分钟。

5. 放入剁椒、高汤或清水，炒匀。

6. 放入盐、鸡精、白糖、葱花、生抽、水淀粉，炒匀即可。

PART 3

肉食者的盛宴

懒人妙招：省去切肉的步骤

我们的餐桌上怎么能少得了肉？

特别是对于无肉不欢的吃货们，一顿不吃肉，浑身都难受！

但是对于很多初入厨房的新手朋友们来说，

首先切肉就是一个考验！

其实，我们完全可以选购一些已经切好的肉类，

省去切肉的步骤。

例如：可以去超市购买肉末、鸡块、鸭块等，拿回家即可直接下锅。

Point 1
肉末保存小技巧

肉末放入保鲜袋，用手按压成扁平的片，同时将袋中多余的空气挤压出来，由于肉末被压得比较薄，与空气接触的面积大，放在室温下很容易就能解冻。封好口后要用筷子在肉末上按压几下，将肉末分成几小份，然后放入冰箱冷冻保存。这样一来，要用时可以方便地取出需要的量，剩余的再放回冰箱继续冷冻。

Point 2
不要使用全瘦肉肉末

挑选做肉末的猪肉时，最好不要用全瘦肉，全瘦肉的肉末口感发柴。应该挑选三分肥七分瘦的肉，如梅花肉，它的肉质细腻，瘦肉中夹着少量肥肉，最适合用来做肉末。

主料

韭菜薹	200 克
猪肉末	80 克

调料

红尖椒	1 个
黑豆豉	1 大匙
大蒜	2 瓣
白糖	1/3 小匙
酱油	1/2 小匙
鸡精	少许
盐	少许

Tip

黑豆豉比较咸，所以只需放少许盐就够了。

猪肉 **炒苍蝇头**

做法

1. 猪肉末中放入适量盐、酱油，拌匀。

2. 韭菜薹择去花苞，洗净切碎。红尖椒切碎，大蒜去皮切末。

3. 起油锅，下入肉末，炒至出油后盛出待用。

4. 锅内余油，下入红尖椒末、蒜末、黑豆豉，小火炒出香味。

5. 放入韭菜薹与步骤 3 炒好的肉末，转大火炒匀。

6. 放入盐、白糖、鸡精，炒匀即可。

猪肉 肉末炒苦瓜

主料

苦瓜 ————— **200** 克

猪肉末（三分肥七分
　瘦）————— **100** 克

调料

蒜末 —————— 适量

葱花 —————— 适量

剁椒 ——— **1½** 小匙

白糖 ——— **1/3** 小匙

鸡精 —————— 少许

酱油 ————— **1** 小匙

蚝油 ————— **1** 小匙

盐 —————— 适量

做法

1. 猪肉末中放入酱油、盐拌匀。

2. 苦瓜一剖为二，用勺子刮净瓜瓤，切薄片，加入适量盐，拌匀腌制 5 分钟。

3. 苦瓜用清水冲洗几遍后沥干水分。

4. 热锅放油，下入肉末，炒至肉末变色出油后盛出。

5. 锅内余油，下入剁椒与蒜末，小火炒出香味。

6. 下入苦瓜，转大火翻炒约 2 分钟。

7. 放入步骤 4 炒好的肉末，炒匀。

8. 最后放入葱花、鸡精、白糖、蚝油，炒匀即可出锅。

（猪肉）**雪里红炒肉末**

主料

雪里红（新鲜）
················ **200** 克
猪肉末（肥瘦参半）
················ **80** 克

调料

剁椒 ·············· **1** 小匙
姜 ················· 适量
大蒜 ·············· 适量
鸡精 ·············· 少许
白糖 ·············· 少许
盐 ················· 适量
酱油 ···········**1/2** 小匙

Tip

焯烫雪里红时，可在沸水里滴几滴油，这样可以保持雪里红翠绿的颜色。

做法

1. 肉末加盐、酱油拌匀，雪里红洗净切碎段，大蒜与姜切末。

2. 将雪里红放入沸水中，焯烫半分钟后，捞出用清水过凉，沥干。

3. 起油锅，下入肉末，炒至出油。

4. 将肉末推到锅的一边，下蒜末、姜末、剁椒，炒出香味。

5. 下入步骤 2 的雪里红，炒匀。

6. 加入盐、鸡精、白糖，炒匀即可。

主料

酸豆角 ·········· **150** 克
猪肉末（三分肥七分
　瘦）·········· **100** 克

调料

红尖椒 ············· **1** 个
蒜末 ·············· 适量
葱花 ·············· 适量
白糖 ··········· **1/2** 小匙
鸡精 ·············· 少许
酱油 ············· **1** 小匙
生抽 ············· **1** 小匙
盐 ·············· 适量

Tip

如果酸豆角比较
咸，可在切之前用
清水洗几遍，以减
轻咸味。

猪肉 **酸豆角炒肉末**

做法

1. 猪肉末中加入盐与酱油拌匀。

2. 酸豆角切成约 0.2 厘米长的段，
   红尖椒切成小丁。

3. 起油锅，下入肉末，炒至出油后
   盛出待用。

4. 锅内余油，下入红尖椒丁、蒜
   末，炒匀。

5. 下入酸豆角，炒匀后再下入步骤
   3 炒好的肉末，炒匀。

6. 最后放入葱花、白糖、鸡精、生
   抽，炒匀即可。

猪肉 肉末炒海带丝

主料

海带丝（新鲜）
　　············· **200** 克
猪肉末（肥瘦参半）
　　················ **80** 克

调料

剁椒 ············· **1** 小匙
大蒜 ················ 适量
葱 ················· 适量
盐 ················· 适量
生抽 ············· **2** 小匙
醋 ················ **1** 小匙
白糖 ········· **1/3** 小匙
鸡精 ················ 少许
水淀粉 ········· **2** 大匙

做法

1. 猪肉末中加适量盐、1 小匙生抽，拌匀。
2. 海带丝洗净沥干，切成 5 厘米长的段。大蒜去皮切末，葱切葱花。
3. 起油锅，下入肉末，炒至出油后，下入剁椒、蒜末，翻炒均匀。
4. 下入海带丝，炒匀。
5. 放盐、鸡精、白糖、1 小匙生抽，炒匀后倒入约 50 毫升清水，烧至只剩少许汤汁。
6. 沿锅边淋入醋，炒匀。放入葱花，淋入水淀粉，炒匀即可。

Tips

1. 如果没有新鲜的海带丝，可提前泡发干海带来代替。
2. 醋不可省略，可使这道菜的风味更佳。
3. 猪肉末要选用肥瘦参半的，这样吃起来才香。不要用纯瘦肉的，否则口感会比较柴。

榨菜碎米肉

主料

猪肉末（三分肥七分瘦）········ **150** 克
榨菜 ················· **75** 克

调料

大蒜 ················· 适量
葱 ·················· 适量
蚝油 ················ **1** 小匙
油辣椒 ········· **1/2** 小匙
料酒 ··········· **1/2** 小匙
盐 ·················· 适量
白糖 ········· **1/3** 小匙

Tip

榨菜一般都比较
咸。可先将榨菜用
清水洗几遍再进行
烹制，就不会那么
咸了。

做法

1. 猪肉末中加入蚝油、盐、料酒拌
   匀。

2. 榨菜切碎成末，大蒜切成末，葱
   切成葱花。

3. 热锅放油，下入肉末，炒至肉末
   出油。

4. 放入蒜末，炒匀。

5. 放入榨菜末，炒匀。

6. 最后放入白糖、油辣椒、葱花，
   炒匀即可。

主料

剁椒 ·············· **2** 大匙
猪肉末（三分肥七分
瘦）········· **180** 克

调料

葱花 ·············· 适量
酱油 ·············· **1** 小匙
料酒 ·············· **1** 小匙
白糖 ········· **1/3** 小匙
盐 ················· 适量
芝麻油 ··········· 少许

Tips

1. 要将肉末炒至出
油，这样吃起来
才香。
2. 剁椒一般会比较
咸，所以要酌量
放盐。

猪肉 **剁椒碎米肉**

做法

1. 在肉末中加入酱油、盐，拌匀待
用。

2. 热锅放油，下入肉末，炒至肉末
变色出油。

3. 下入料酒、白糖、剁椒，翻炒均
匀。

4. 放入葱花、芝麻油，炒匀即可。

（猪肉）**双椒炒培根**

|主料

培根 ·············· **220 克**
青尖椒 ··········· **50 克**
红尖椒 ··········· **15 克**

|调料

蒜片 ·············· 适量
葱段 ·············· 适量
鸡精 ·············· 少许
白糖 ········· **1/3** 小匙
生抽 ··········· **1** 小匙
盐 ················ 适量

Tip

培根在炒的过程中
会出油，所以锅中
只需放少量油就可
以了。

|做法

1. 培根切成约 5 厘米长、2 厘米宽
   的片，青、红尖椒洗净后去籽，
   切成约 5 厘米长的丝。

2. 热锅放油，下入培根，炒至培根
   出油。

3. 将培根推至锅的一边，将青、红
   尖椒丝和蒜片放在锅的另一边，
   加入盐，炒匀。

4. 将培根与青、红尖椒丝炒匀后放
   入鸡精、生抽、白糖、葱段，炒
   匀即可出锅。

主料

牛肉末 ········· **200 克**

胡萝卜 ········· **50 克**

西芹 ········· **50 克**

调料

姜末 ········· 适量

蒜末 ········· 适量

葱花 ········· 适量

柱侯酱 ········· **2 小匙**

酱油 ········· **1 小匙**

干淀粉 ········· **1 小匙**

Tips

1. 柱侯酱中含有盐分，所以一般不需再放盐。
2. 放入柱侯酱之后如果觉得太干，可加入少许水。

牛肉 **柱侯酱炒牛肉末**

做法

1. 牛肉末中加入酱油与干淀粉拌匀。

2. 再加入 1 小匙油拌匀，待用。

3. 芹菜择去根叶，洗净切成小丁，胡萝卜切成小丁。

4. 热锅放油，下入姜末、蒜末、胡萝卜丁，炒约 1 分钟。

5. 下入牛肉末，快速翻炒至肉末刚好变色。

6. 下入芹菜丁，炒至断生放入柱侯酱，再放入葱花炒匀即可。

猪肉

蚂蚁上树

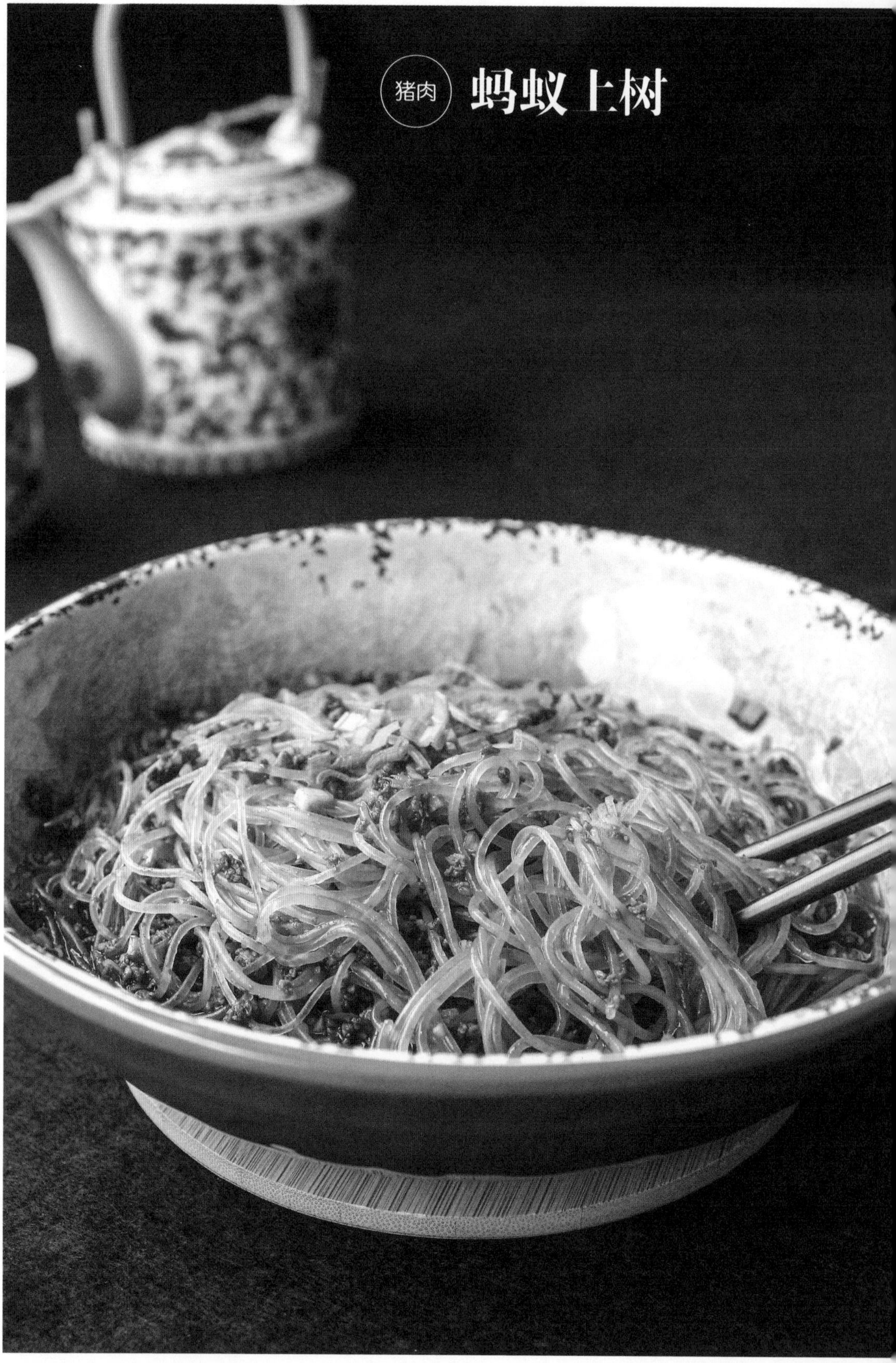

主料

绿豆粉丝········· **80** 克
猪肉末 ·········· **50** 克

调料

辣椒酱 ········· **1** 小匙
蒜末 ·············· 适量
葱花 ·············· 适量
高汤或清水
············· **150** 毫升
白糖 ········· **1/3** 小匙
鸡精 ·············· 少许
生抽 ·········· **1½** 小匙
干淀粉 ··········· 少许
盐 ················· 适量

做法

1. 将粉丝剪成约 10 厘米长的段，放入水中，泡软后捞出沥干。
2. 猪肉末中加入盐、干淀粉、1/2 小匙生抽，拌匀待用。
3. 热锅放油，下入肉末炒散。
4. 炒至肉末变色后放入辣椒酱与蒜末，炒匀。
5. 倒入高汤或清水，煮开。
6. 放入粉丝，炒匀后煮至只剩下少许汤汁。
7. 放入鸡精、盐、白糖，炒匀。
8. 最后放 1 小匙生抽与葱花，炒匀即可。

Tips

1. 粉丝要提前用冷水或温水浸泡，泡软后捞出沥干，最好不要用热水泡。
2. 步骤 6 放入粉丝的时候，要将粉丝与肉末炒匀，不要让粉丝盖在肉末上面，这样最上面的粉丝会吸收不到汤汁。

牛肉 金针菇炒肥牛

主料

肥牛片	100 克
金针菇	150 克

调料

青尖椒	1 个
大蒜	适量
姜	适量
葱	适量
辣椒酱	1 小匙
料酒	1 小匙
生抽	1 小匙
白糖	1/2 小匙
鸡精	少许
盐	适量

Tip

如果怕辣，可不放辣椒酱。

做法

1. 金针菇切去根部，撕开洗净，沥干水分。
2. 青尖椒洗净去籽切丝，大蒜去皮切片，姜切丝，葱切段。
3. 热锅放油，下入肥牛片，大火快炒至肥牛片变色，加入料酒炒匀。
4. 下入金针菇、蒜片、姜丝，炒匀。
5. 下入青尖椒丝与辣椒酱炒匀。
6. 加入盐、鸡精、生抽、白糖、葱段，炒匀即可出锅。

主料

鸡块	600 克
青尖椒	2 个
红尖椒	2 个

调料

郫县豆瓣	1 小匙
姜	适量
葱	适量
白糖	1/2 小匙
酱油	1 小匙
料酒	1 小匙
水淀粉	2 大匙
盐	适量

Tip

郫县豆瓣一般比较咸，所以需酌量放盐。

鸡肉 **风味小炒鸡**

做法

1. 青、红尖椒洗净后切成片，姜切丝，葱切段，郫县豆瓣剁碎。

2. 起油锅，下入鸡块，大火爆炒至鸡块变色出油后，放入郫县豆瓣、姜丝、料酒，炒出红油。

3. 放入青、红尖椒，翻炒均匀后，放入盐、白糖、酱油，再次炒匀。

4. 最后放入葱段，淋入水淀粉，炒匀即可。

鸡肉 **酸辣鸡胗**

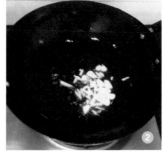

主料	
鸡胗 ················	**5** 个
红泡椒 ···········	**3** 个
泡菜 ··············	适量

调料	
花椒 ········	**10** 粒左右
料酒 ··············	**1** 小匙
蚝油 ··············	**1** 小匙
生抽 ··············	**1** 小匙
油辣椒 ···········	**1** 小匙
姜丝 ··············	适量
蒜片 ··············	适量
葱段 ··············	适量
盐 ················	适量
胡椒粉 ···········	少许

| 做法

1. 将鸡胗除去脏物，用盐反复抓洗几遍，洗净后切成薄片，加入盐、料酒、蚝油、胡椒粉，拌匀后腌制15分钟。红泡椒切圈，泡菜切块。
2. 热锅放油，放入花椒、蒜片、姜丝，小火爆出香味。
3. 下入鸡胗，转大火，快速翻炒至鸡胗变色。
4. 下入泡椒与泡菜，炒匀后，下入油辣椒、葱段、生抽，炒匀即可。

1. 鸡胗用盐反复抓洗，能去除异味。
2. 鸡胗不要炒得太久，要大火快炒，以确保其爽脆的口感。
3. 可选用自己喜欢的任何一种泡菜。

鸭肉 **家常小炒鸭**

主料

鸭块 ··············· **500** 克

洋葱 ··············· **80** 克

青尖椒 ··············· **30** 克

红尖椒 ··············· **15** 克

调料

姜 ··············· 适量

葱 ··············· 适量

大蒜 ··············· 适量

料酒 ··············· **2** 小匙

白糖 ··············· **2** 小匙

生抽 ··············· **1** 小匙

鸡精 ··············· 少许

盐 ··············· 适量

做法

1. 将鸭块洗净,将较肥的鸭皮割下待用。

2. 青、红尖椒斜切成圈,洋葱切片,姜切粗丝,大蒜去皮切粒,葱切段。

3. 净锅置于火上,下入鸭皮,炒出油分。

4. 下入鸭块,大火爆炒,将鸭块表面的水分炒干,炒至出油。

5. 下入姜丝、蒜粒、料酒,炒匀。

6. 放入青红尖椒、洋葱以及盐、白糖、鸡精,翻炒约2分钟。最后放入葱段与生抽,炒匀即可出锅。

Tips

1. 如果鸭子较肥,炒的时候就不用放油,将鸭子较肥的皮割下来先炒出油即可。如果鸭子较瘦,那么炒之前就要放油。

2. 鸭块表面的水分要炒干,炒至出油后放入料酒,这样才不会有腥味。

懒人妙招：家中常备一些切好的肉

或许你觉得肉末吃起来不过瘾？
想要既烹饪起来快手又能有大口吃肉的感觉，
那么我们就来炒肉片吧。
家中可以常备一些肉片，
需要时直接拿来用，省时又省力。

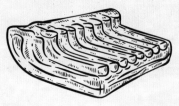

Point 1

肉稍微冷冻一会儿更好切

烹饪新手可能觉得要切出厚薄均匀的肉片不太容易。有一个小窍门：先将肉用保鲜膜包起来放在冰箱里稍微冷冻一下，让肉变硬挺一些后再切。如果买的是冷冻肉，可在它还未完全解冻、仍有些硬的时候就切。最省事的方法是在买肉时请卖肉的师傅帮忙切好。

Point 2

肉片储存小技巧

尽量不要让肉片堆叠起来，以免增加解冻难度。需要时提前一晚从冷冻室移到冷藏室，让其慢慢解冻。要注意切好的肉的保存时间不及大块的肉的保存时间长，因此还是要尽快食用。

主料

韩国辣白菜 …… **80** 克
五花肉 ……… **150** 克

调料

大蒜 ………………	适量
葱 …………………	适量
白糖 ……………	**1/3** 小匙
鸡精 ……………	少许
酱油 ……………	**1** 小匙
料酒 ……………	**1** 小匙
盐 ………………	适量

Tip

五花肉要尽量切得
薄一些。可放入冰
箱冷冻至稍稍发硬
再切，这样会好切
一些。

猪肉

辣白菜炒五花肉

做法

1. 五花肉洗净，切成薄片。

2. 辣白菜切成片，大蒜去皮切片，
   葱切长段。

3. 起油锅，下入五花肉，炒至出油。

4. 放入盐、酱油、料酒、蒜片，炒
   匀。

5. 下入辣白菜，炒匀。

6. 最后放入鸡精、白糖、葱段，炒
   匀即可。

猪肉 胡萝卜炒肉片

| 主料

胡萝卜 ············· **150** 克
猪瘦肉 ········· **100** 克

| 调料

大蒜 ···················· **2** 瓣
葱 ····················· 适量
生抽 ················ **2** 小匙
鸡精 ··················· 少许
干淀粉 ··········· **1** 小匙
高汤或清水 ··· **2** 大匙
盐 ····················· 适量

| 做法

1. 将猪瘦肉洗净切成薄片，加入 1 小匙生抽和干淀粉，拌匀待用。

2. 胡萝卜洗净，去皮切片，大蒜去皮切成粒，葱切成葱花。

3. 热锅放油，下入肉片，大火快炒至肉片变色后盛出待用。

4. 锅内再放入适量油，爆香蒜粒后下入胡萝卜片，炒至胡萝卜片变软。

5. 下入步骤 3 中炒好的肉片，加入高汤或清水，炒匀。

6. 加入盐与鸡精，炒匀。最后放入葱花和 1 小匙生抽，炒匀即可。

Tips

1. 步骤 3 中瘦肉片不要炒得太久，炒至变色即可盛出，以免口感太老。

2. 炒胡萝卜的时候可稍微多放一些油，因为胡萝卜中的胡萝卜素是一种脂溶性物质，只有溶解在油脂中才能被人体吸收。因此，胡萝卜很适合与肉类一起烹饪。

主料

鸡蛋	**2** 个
黄瓜	**100** 克
猪瘦肉	**60** 克
水发黑木耳	**50** 克
水发黄花菜	**50** 克

调料

蒜片	适量
葱段	适量
白糖	**1** 小匙
鸡精	少许
水淀粉	**2** 大匙
料酒	**1/2** 小匙
清水	**2** 小匙
盐	适量

做法

1. 猪瘦肉切片，加入盐、1 小匙水淀粉拌匀。鸡蛋打散成蛋液，加入料酒与清水拌匀。

2. 黄瓜切片，水发黑木耳择洗干净后撕成小朵，水发黄花菜择去蒂，洗净。

3. 热锅放油，下入蛋液，待底部凝固后炒散成块，盛出待用。

4. 锅内余油，下入肉片，炒至肉片变色，盛出待用。

5. 锅内倒入适量油，下入蒜片与葱段，小火爆出香味。

6. 下入黑木耳与黄花菜，转大火炒匀。

7. 下入黄瓜、炒好的鸡蛋与肉片，炒匀。

8. 放入盐、白糖、鸡精，翻炒均匀。如果比较干，可加入少许水。最后倒入水淀粉，炒匀，勾薄芡即可。

Tips

1. 黄花菜与黑木耳要提前用清水泡发。最好用冷水或温水泡发，不宜用热水。

2. 蛋液中加入料酒可去腥。加入清水搅匀，炒出来的鸡蛋口感滑嫩。

3. 新鲜的黄花菜有毒，不能吃，制成干货后才可食用。

猪肉 莴笋木耳炒肉片

主料

莴笋（去皮）

…………………… **120** 克

水发黑木耳 …… **80** 克

猪瘦肉 ………… **70** 克

调料

大蒜 ………………… **2** 瓣

葱 ………………… 适量

剁椒 ………………… **1** 小匙

干淀粉 ……… **1/2** 小匙

水淀粉 ……… **1** 大匙

生抽 ………………… **2** 小匙

鸡精 ………………… 少许

白糖 ………… **1/2** 小匙

盐 ………………… 适量

做法

1. 猪瘦肉切成薄片，加入干淀粉与1小匙生抽，拌匀待用。

2. 莴笋切片，水发黑木耳去蒂洗净后撕成小朵。大蒜去皮切片，葱切段。

3. 热锅放油，下入肉片，大火快炒至肉片变色后盛出待用。

4. 锅内余油，下入蒜片，爆香后下入黑木耳，翻炒几下。

5. 下入莴笋片炒匀，下入肉片与剁椒炒匀。

6. 加入盐、鸡精、白糖、生抽、葱段，炒匀。最后淋入水淀粉，炒匀即可。

1. 步骤 3 炒肉片的时候不要炒太久，以免肉片口感太老。

2. 下入莴笋片后要大火快炒，不要炒太久，以确保莴笋爽脆的口感。

盐煎肉

猪肉

做法

1. 五花肉洗净，刮净残毛，切薄片。
2. 热锅放油，开小火，放入花椒，炸出香味后捞出。
3. 下入肉片，转大火，炒至肉片出油。
4. 放入蒜片、郫县豆瓣、料酒、酱油，翻炒均匀。
5. 放入青尖椒片，炒匀。
6. 放入盐、鸡精、白糖，炒匀。最后放入蒜苗，炒匀即可。

主料

猪后臀肉（带皮）
·············· **200** 克
青尖椒 ·············· **30** 克
红尖椒 ·············· **20** 克
蒜苗 ·············· **20** 克

调料

料酒 ·············· **2** 小匙
酱油 ·············· **1** 小匙
白糖 ·············· **1/2** 小匙
鸡精 ·············· 少许
盐 ·············· 适量

Tip

猪后臀肉也可用猪
五花肉来代替。

猪肉 **家常小炒肉**

做法

1. 猪后臀肉洗净，除去表皮的残毛，切成薄片。青、红尖椒切圈，蒜苗斜切成片。

2. 热锅放油，下入猪肉，大火快速炒至肉片出油，呈灯盏窝状。

3. 下入料酒、酱油，炒匀。

4. 下青、红尖椒炒匀。

5. 放入盐、鸡精、白糖，炒匀。

6. 最后下入蒜苗，炒匀即可。

芥兰炒牛肉

主料

牛肉 ················ **120 克**
芥兰 ················ **200 克**

调料

姜 ····················· 适量
大蒜 ················ 适量
黑胡椒粉 ········· 少许
料酒 ················ **1** 小匙
干淀粉 ·········· **1** 小匙
生抽 ················ **1** 小匙
白糖 ················ **1** 小匙
鸡精 ················ 少许
盐 ····················· 适量

做法

1. 牛肉洗净，逆着肉的纹理切成薄片。加入干淀粉、黑胡椒粉、料酒，拌匀后再放入 1 小匙油，拌匀待用。

2. 芥兰洗净，叶子摘下切成两截，茎斜切成片。大蒜与姜切成末。

3. 热锅放油，下入牛肉片，大火快炒至牛肉七成熟，盛出待用。

4. 将锅洗净，放入适量油，下入姜蒜末，炒出香味。

5. 下入芥兰的茎，翻炒几下后，下入芥兰叶子，炒至变色。

6. 放入炒好的牛肉、盐、鸡精、白糖、生抽，快速炒匀即可。

Tips

1. 牛肉要逆着肉的纹理切，这样才能将牛肉的纤维切断，吃起来口感细嫩。顺着纹理切的话，吃的时候会嚼不动。

2. 腌制牛肉时先加调料拌匀，再加少许油拌匀，可使牛肉口感较为滑嫩，下锅炒的时候也不会粘连，比较容易炒散。

3. 芥兰的茎比较粗，比叶子难熟，所以要先下锅炒。

泡椒炒牛肉

主料

牛肉	160 克
泡椒	适量

调料

姜	适量
葱	适量
鸡蛋清	1/2 个
白糖	1/3 小匙
鸡精	少许
酱油	1 小匙
辣椒油	1 小匙
芝麻油	少许
盐	适量

做法

1. 牛肉逆着肉的纹理切成薄片，加入鸡蛋清拌匀后，加入 1 小匙油，拌匀。
2. 泡椒斜切成圈，姜切丝，葱切段。
3. 热锅放油，下入牛肉，大火快炒至牛肉刚好变色。
4. 放入泡椒、姜丝，快速炒匀。
5. 加入鸡精、盐、白糖，再次炒匀。
6. 放入葱段、酱油、辣椒油、芝麻油，炒匀即可。

Tips

1. 切牛肉的时候要逆着肉的纹理切，这样才能将牛肉中的纤维切断，吃起来口感细嫩。顺着纹理切的话，炒出来会嚼不动。
2. 腌制牛肉的时候加入 1 小匙油拌匀，可使牛肉中的水分不易流失，从而使口感细嫩，也使牛肉在下锅后不易粘连在一起，容易炒散。

小炒黄牛肉

主料

| 黄牛肉 | ········ | **150** 克 |
| 青尖椒 | ········· | **25** 克 |

调料

姜	······················	适量
葱	······················	适量
干淀粉	·········	**1** 小匙
白糖	·········	**1/3** 小匙
酱油	················	**2** 小匙
料酒	················	**1** 小匙
鸡精	················	少许
盐	······················	适量

做法

1. 黄牛肉洗净，逆着肉的纹理切成薄片。

2. 加入干淀粉、1 小匙酱油拌匀。

3. 再加入 1 小匙油，拌匀腌制 10 分钟。

4. 青尖椒洗净切片，姜切丝，葱切成段。

5. 起油锅，下入腌制好的牛肉片，大火快炒至肉片变色后盛出待用。

6. 锅内余油，下入青尖椒与姜丝，翻炒 1 分钟。

7. 下入步骤 5 炒好的牛肉，加入盐、料酒炒匀。

8. 加入 1 小匙酱油、葱段、白糖、鸡精，炒匀即可。

Tips

1. 腌制牛肉的时候，先放入调料拌匀，再加入 1 小匙油拌匀，这样牛肉在下锅炒的时候不易粘连且更容易炒散，口感也会更细嫩。

2. 炒牛肉的时候火要大、油量要足、油温要高，大火快炒，炒至牛肉变色即可。

 牛肉 **葱爆牛肉**

| 主料

黄牛肉 ·········	**200** 克
大葱 ··············	**50** 克

| 调料

姜 ····················	适量
干辣椒丝 ·········	适量
干淀粉 ···········	**1** 小匙
料酒 ··············	**1** 小匙
生抽 ··············	**2** 小匙
白糖 ·············	**1/2** 小匙
鸡精 ··············	少许
芝麻油 ···········	少许
盐 ····················	适量

| 做法

1. 黄牛肉洗净，逆着肉的纹理切成薄片。

2. 加入干淀粉、1 小匙生抽拌匀。

3. 再加入 1 小匙油，拌匀后腌制 10 分钟。

4. 大葱斜切成片，姜切末。

5. 起油锅，下入腌制好的牛肉，大火快炒至牛肉变色，盛出待用。

6. 锅内余油，下入干辣椒丝与姜末，小火炒出香味。

7. 下入大葱，转大火快速炒匀。

8. 下入步骤 5 炒好的牛肉。

9. 放入盐、白糖、料酒、鸡精、生抽，淋上芝麻油炒匀即可。

Tips

1. 切牛肉时要逆着肉的纹理切，这样才能切断牛肉的纤维，使牛肉吃起来口感细嫩。

2. 炒牛肉的时候要大火快炒，不要炒得太久，以免口感太老。

3. 将牛肉换成羊肉，就是葱爆羊肉哟！

懒人妙招：
简单切一切就下锅炒

有了常备的肉片，
你只需再简单地切一切，
肉片就能变成肉丝了。
鱼香肉丝这样的菜，
你也能迅速做出了呢。
另外，有些肉很好切，
即使下班后现买也可以快速切好，
如鸡脯肉和鸡腿肉。
如果家中储备的肉末和肉片都用完了，
或忘记将它们提前解冻了，
就可以去买一些好切的肉做菜哟！

主料

鸭脯肉	200 克
泡椒	适量
泡菜	适量

调料

大蒜	适量
姜	适量
葱	适量
花椒	10 粒左右
蚝油	1 小匙
酱油	1 小匙
料酒	1 小匙
水淀粉	1 大匙
白糖	1/3 小匙
盐	适量

Tip

可以将鸭脯肉换成
鸡脯肉。

鸭肉 **泡菜炒鸭肉**

做法

1. 鸭脯肉去皮，切成薄片，放入碗中，加入蚝油、盐、料酒、水淀粉，拌匀腌制 15 分钟。

2. 泡椒切成圈，泡菜切片，大蒜去皮切粒，姜切片，葱切段。

3. 热锅放油，下入花椒、姜片、蒜粒，炸出香味后下入腌制好的鸭肉片，大火快炒至鸭肉变色。

4. 下入泡椒，泡菜，翻炒 2～3 分钟后，放入酱油、白糖、葱段，炒匀后即可出锅。

猪肉 麻辣肉丁

| 做法

1. 将瘦肉洗净切成约 1 厘米见方的小丁，加入干淀粉、盐、蚝油、料酒，拌匀腌制 20 分钟。干辣椒洗净抹干，用剪刀剪成段，去籽。大蒜去皮切片，葱切段。

2. 热锅放油，下入肉丁，大火快炒至肉丁变色后盛出待用。

3. 锅内余油，下入花椒、干辣椒、葱段、蒜片，小火炒香。

4. 倒入肉丁翻炒片刻，放白糖、鸡精。最后放入白芝麻，炒匀即可。

主料

猪瘦肉	**150** 克
青椒	**30** 克
红椒	**30** 克

调料

调料 A:

大蒜	**1** 瓣
葱	适量
生抽	**1** 小匙
干淀粉	**1** 小匙

调料 B:

生抽	**1** 小匙
鸡精	少许
白糖	**1/2** 小匙
水淀粉	**1** 大匙
清水	**1** 大匙
料酒	**1** 小匙
盐	适量

猪肉 **双椒炒肉丁**

做法

1. 猪瘦肉洗净，切成约 1 厘米见方的小丁，加入生抽和干淀粉，拌匀。

2. 青、红椒分别切成小丁，大蒜去皮切末，葱切末。

3. 将调料B放入碗中，拌匀成调味汁。

4. 热锅放油，放入肉丁，快速炒至肉丁变色后盛出待用。

5. 锅内余油，下入蒜末、葱末炒香后，下入青、红椒丁炒匀。

6. 下入肉丁炒匀，倒入步骤 3 调好的调味汁，炒匀即可。

尖椒肉丝

主料

猪瘦肉 ········· **200** 克
青尖椒 ··········· **50** 克

调料

大蒜 ······················ **2** 瓣
葱 ······················ 适量
酱油 ··············· **2** 小匙
干淀粉 ········· **1** 小匙
水淀粉 ········· **2** 大匙
鸡精 ··············· 少许
白糖 ··········· **1/2** 小匙
盐 ······················ 适量

做法

1. 猪瘦肉洗净切丝，放入盐、干淀粉、1 小匙酱油，拌匀待用。

2. 青椒去籽切丝，大蒜去皮切末，葱切段。

3. 热锅放油，下入肉丝，大火快炒至肉丝变色后盛出待用。

4. 锅内余油，下入部分葱段、蒜末，小火爆出香味。

5. 下入青尖椒丝，放入适量盐，转大火炒匀。

6. 下入步骤 3 炒好的肉丝，快速炒匀。最后放入白糖、1 小匙酱油、鸡精、水淀粉和剩余葱段，炒匀。

1. 怕辣者可将青尖椒换成甜椒，或将青尖椒切丝后用清水洗几遍，也可减轻辣味。

2. 步骤 3 中肉丝不要炒得太久，以免口感太老。

3. 步骤 4 要用小火，以免炒糊。

（猪肉） 鱼香肉丝

| 主料

猪瘦肉 ········· **150** 克
黄瓜 ·············· **80** 克
水发黑木耳 ····· **60** 克

| 调料

调料 A:

红泡椒 ·············· **2** 个
大蒜 ··············· 适量
葱 ················· 适量
干淀粉 ·········· **1/2** 小匙
蚝油 ··············· **1** 小匙

调料 B:

白糖 ·············· **2** 小匙
料酒 ·············· **1** 小匙
醋 ················· **1** 小匙
生抽 ············· **1/2** 小匙
水淀粉 ··········· **1** 小匙
清水 ·············· **1** 大匙
鸡精 ··············· 少许
盐 ················· 适量

| 做法

1. 将猪瘦肉洗净切成丝，放入干淀粉、蚝油，拌匀后腌制 15 分钟。

2. 黄瓜洗净切丝，水发黑木耳择洗干净后切丝，红泡椒、大蒜、葱切末。

3. 将调料 B 中的所有调料放入碗中，拌匀成调味汁。

4. 热锅放油，下入腌制好的肉丝，大火快炒至肉丝变色后盛出。

5. 锅内余油，下入泡椒末、蒜末，炒出香味。

6. 下入黑木耳翻炒几下，再下入黄瓜丝与步骤 4 炒好的肉丝，炒匀后，放入葱末，将调味汁搅匀后倒入锅中，炒匀即可出锅。

Tips

1. 步骤 4 炒肉丝的时候不要炒得太久，变色即可盛出，否则肉丝再次回锅之后容易老。

2. 如果没有泡椒，可用辣椒酱代替。

（猪肉）千张炒肉丝

| 主料

千张 ············· **150** 克
猪瘦肉 ········· **100** 克

| 调料

青尖椒 ············· **1** 个
大蒜 ············· 适量
葱 ·················· 适量
蚝油 ············· **1** 小匙
干淀粉 ········· **1** 小匙
水淀粉 ········· **2** 大匙
酱油 ············· **1** 小匙
料酒 ············· **1/2** 小匙
白糖 ········· **1/3** 小匙
盐 ················· 适量
鸡精 ············· 少许

| 做法

1. 将猪瘦肉洗净切成丝，放入干淀粉、蚝油、料酒，拌匀后腌制 15 分钟。

2. 千张切丝，青尖椒去籽切丝，大蒜去皮切片，葱切段。

3. 热锅放油，下入肉丝，大火快炒至肉丝变色后盛出待用。

4. 锅内余油，爆香蒜片与葱段后下入千张丝与青尖椒丝，炒匀。

5. 放入步骤 3 炒好的肉丝，炒匀。

6. 放入鸡精、白糖、盐、酱油，炒匀。最后倒入水淀粉，炒匀勾薄芡即可出锅。

Tips

1. 步骤 3 炒肉丝的时候动作要快，不要炒得太久，否则肉丝口感不够嫩。

2. 步骤 4 爆香葱蒜的时候要用小火，以免炒糊，下入千张丝与青尖椒丝之后再转大火。

香芹炒肉丝

主料

猪瘦肉 ········· **120** 克
芹菜 ············· **150** 克

调料

大蒜 ················· 适量
葱 ··················· 适量
干辣椒 ············· 适量
白糖 ··········· **1/2** 小匙
鸡精 ··············· 少许
干淀粉 ········ **1/2** 小匙
蚝油 ··············· **1** 小匙
水淀粉 ········· **2** 大匙
盐 ··················· 适量

做法

1. 猪瘦肉洗净切成丝，加入适量盐、蚝油、干淀粉，拌匀腌制 15 分钟。

2. 芹菜择去根叶洗净后切小段，干辣椒去籽剪成丝，大蒜与葱切成末。

3. 热锅放油，下入肉丝，大火快炒至肉丝变色后盛出待用。

4. 锅内余油，下入葱蒜末与干辣椒丝，小火炒香。

5. 下入芹菜段，转大火炒匀。

6. 下入步骤 3 炒好的肉丝，炒匀。

7. 放入盐、白糖、鸡精，炒匀。

8. 最后倒入水淀粉，炒匀即可。

Tips

1. 步骤 3 炒肉丝的时候不要炒太久，以免口感太老。

2. 步骤 4 要·用小火，因为干辣椒极易炒煳。

3. 下入芹菜段后要用大火快炒，不要炒太久，断生即可，以确保芹菜清香的口感。

蟹味菇炒肉丝

主料	
蟹味菇 ·········	**100** 克
猪瘦肉 ·········	**100** 克

调料	
葱 ····················	适量
大蒜 ·················	**2** 瓣
剁椒 ·················	**1** 小匙
干淀粉 ········	**1/2** 小匙
生抽 ·················	**1** 小匙
鸡精 ·················	少许
白糖 ·········	**1/3** 小匙
盐 ····················	适量

Tips

1. 剁椒也可以换成自己喜欢的其他辣酱。
2. 步骤 2 炒肉丝的时候不要炒得太久，炒至变色即可盛出，以免口感发柴。
3. 剁椒中含有盐分，所以需酌量放盐。
4. 步骤 3 炒蟹味菇要大火快炒，掌握好火候。

做法

1. 瘦肉切丝，加入干淀粉和 1 小匙油，拌匀腌制 10 分钟。蟹味菇剪去根部，洗净沥干。大蒜去皮切片，葱切成葱花。

2. 热锅放油，下入肉丝，炒至变色后盛出待用。

3. 放入蟹味菇与剁椒、蒜片，将蟹味菇炒软，加少许水稍微煮一下，然后放入之前炒好的肉丝，炒匀。

4. 放入生抽、葱花、鸡精、盐和白糖，炒匀即可出锅。

牛肉 干煸牛肉丝

主料

黄牛肉 ········· **150** 克
芹菜 ··········· **80** 克

调料

姜 ················· 适量
葱 ················· 适量
干辣椒丝 ········· 适量
酱油 ··········· **1** 小匙
白糖 ········· **1/3** 小匙
鸡精 ············· 少许
料酒 ········· **1/2** 小匙
盐 ················· 适量

做法

1. 牛肉洗净，先切成薄片，再切成约 5 厘米长的丝。

2. 芹菜择去根叶，洗净切段，葱、姜切末。

3. 热锅放油，下入牛肉丝翻炒，此时锅内会起很多气泡。

4. 继续翻炒，待锅内气泡基本消失，说明牛肉表面水分已经炒干了。

5. 放入干辣椒丝、葱姜末、料酒、酱油，炒匀。

6. 下入芹菜段，放入适量盐、白糖、鸡精。炒至芹菜断生即可。

Tips

1. 做这道菜要将牛肉丝中的水分煸干。牛肉丝刚下锅煸炒的时候会出现很多气泡，继续翻炒，气泡会越来越少，气泡基本消失说明牛肉丝已经炒得差不多了。

2. 最好选用黄牛肉，口感会嫩一些。

醋溜鸡

主料

鸡脯肉 ········· **170** 克
黄瓜 ················· **90** 克

调料

调料 A：

姜 ····················· 适量
葱 ····················· 适量
剁椒 ············· **1** 小匙
郫县豆瓣········ **1** 小匙

调料 B：

水淀粉 ········· **1** 大匙
盐 ····················· 少许

调料 C：

水淀粉 ········· **2** 大匙
清水 ············· **1** 大匙
白糖 ············· **1** 小匙
鸡精 ················· 少许
陈醋 ············· **2** 小匙
酱油 ············· **1** 小匙
料酒 ············· **1** 小匙
盐 ····················· 适量

做法

1. 鸡脯肉洗净，切成薄片，加入调料 B，拌匀待用。

2. 黄瓜洗净切成薄片，姜切碎，葱切段，郫县豆瓣剁碎。

3. 将调料 C 中的所有调料放入小碗中，拌匀成调味汁。

4. 起油锅，下入步骤 1 切好的鸡肉片，炒至刚好变色。

5. 下入姜、剁椒与郫县豆瓣，炒匀后，下入黄瓜片，再
   次炒匀。

6. 倒入调味汁，放入葱段，炒匀即可出锅。

鸡脯肉相对来说会柴一些，因此炒的时候要特别注意火候。温油下锅，炒至变色即可。

鸡肉　宫保鸡丁

主料

鸡脯肉 ………… **150** 克
花生米（油炸）
　　………………… **20** 克

调料

调料 A：

干辣椒 …………… **5** 克
姜 ………………… 适量
葱 ………………… 适量

调料 B：

水淀粉 ………… **1** 大匙
清水 …………… **1** 大匙
鸡精 …………… 少许
白糖 …………… **1** 小匙
醋 ……………… **1½** 小匙
酱油 …………… **1** 小匙
料酒 …………… **1** 小匙
芝麻油 ……… **1/3** 小匙
辣椒油 ………… **1** 小匙
盐 ……………… 适量

调料 C：

酱油 …………… **1** 小匙
料酒 …………… **1/2** 小匙
干淀粉 ……… **1/2** 小匙
油 ……………… **1** 小匙

做法

1. 鸡脯肉洗净后切成丁，放入调料 C，拌匀腌制 20 分钟。
2. 干辣椒剪成小段，去籽。葱切段，姜切末。
3. 将调料 B 全部放入小碗中，拌匀成调味汁。
4. 热锅放油，下入腌制好的鸡肉，快速炒至鸡肉变色后盛出。
5. 锅内余油，下入干辣椒段，小火爆香。
6. 下入姜末、葱段与步骤 4 炒好的鸡丁，炒匀。
7. 倒入步骤 3 调好的调味汁，快速炒至汤汁收干后关火。
8. 倒入花生米，炒匀即可出锅。

鸡肉　爆炒辣子鸡

主料

鸡块 ·············· **300** 克
花生米（油炸）
·············· **25** 克

调料

干辣椒 ·········· **12** 克
花椒 ······· **10** 粒左右
姜 ················· 适量
葱 ················· 适量
牛姜粉 ·········· 少许
料酒 ············· **1** 小匙
白糖 ··········· **1/2** 小匙
蚝油 ············· **1** 小匙
鸡精 ············· 少许
盐 ················· 适量

Tips

1. 饭店中做的辣子鸡一般会将鸡块下油锅炸。这道辣子鸡无需油炸，既省油又比较健康。
2. 鸡块一定要腌制入味。炒的时候要将表面的水分炒干，炒至出油，这样吃起来才香。
3. 花生米不可放得太早，要关火后才放，这样可确保花生米香脆的口感。

做法

1. 鸡块中加入蚝油、生姜粉、料酒、盐、鸡精，拌匀腌制 30 分钟。
2. 干辣椒洗净抹干后剪成段，去籽。姜切末，葱切段。
3. 热锅放油，下入腌制好的鸡块，大火爆炒至鸡块出油。
4. 下入干辣椒、花椒，姜末，转小火，炒出香味后，关火，下入葱段、白糖、花生米，拌匀即可出锅。

莴笋炒鸡肉

鸡肉

主料

鸡大腿（剔骨）

·························· **1** 个

莴笋 ············ **100** 克

调料

姜 ······················ 适量

剁椒 ············· **1** 小匙

葱 ······················ 适量

生抽 ············· **1** 小匙

料酒 ············· **1** 小匙

蚝油 ·········· **1/2** 小匙

盐 ······················ 适量

白糖 ················· 少许

鸡精 ················· 少许

Tips

1. 可用鸡脯肉代替鸡腿肉，鸡腿肉的口感要好一些。

2. 剁椒与生抽均含有盐分，鸡肉在腌制时也已放盐，所以炒的时候不需要再另外放盐了，口味重者可酌量放盐。

3. 步骤5下入莴笋后，要大火快炒，不要炒得太久，以确保莴笋爽脆的口感。

做法

1. 将鸡腿肉切成丝，加入蚝油、料酒、盐，拌匀后腌制10分钟。

2. 莴笋去皮洗净切粗丝，姜切丝，葱切成葱花。

3. 热锅放油，下入鸡肉，大火爆炒至鸡肉变色出油。

4. 下入剁椒与姜丝，翻炒均匀。

5. 下入莴笋丝再次炒匀。

6. 最后放入葱花，下入生抽、白糖、鸡精，炒匀即可。

酱爆鸡丁

主料

鸡腿丁 ········· **200** 克

调料

青尖椒 ·········· **15** 克
红尖椒 ··········· **8** 克
姜 ·················· 适量
葱 ·················· 适量
豆瓣酱 ········· **2** 大匙
蚝油 ············· **1** 小匙
料酒 ············· **1** 小匙
胡椒粉 ··········· 少许

做法

1. 鸡腿丁中加入蚝油、胡椒粉、料酒，拌匀后腌制 15 分钟。
2. 青、红尖椒洗净斜切成圈，姜切末，葱切段。
3. 热锅放油，下入鸡肉，炒至变色出油。
4. 下入青红尖椒圈、姜末、葱段，炒匀。
5. 倒入豆瓣酱。
6. 炒匀即可。

Tips

1. 可用鸡脯肉代替。当然，鸡大腿肉的口感要好一些。
2. 豆瓣酱中含有盐分，所以这道菜不需再放盐。
3. 步骤 5 倒入豆瓣酱后要转小火，以免焗锅。

（鸡肉）**银芽鸡丝**

做法

1. 鸡脯肉切丝，加干淀粉、生抽、料酒、胡椒粉拌匀。红尖椒去籽切丝，将绿豆芽洗净沥干。

2. 热锅放油，下入鸡肉丝，炒至变色后盛出待用。

3. 锅内余油，放入姜丝、红尖椒丝，炒匀后，下入绿豆芽，炒匀。

4. 下入步骤 2 炒好的鸡肉丝，再次炒匀。最后加入盐、鸡精、白糖、葱段，炒匀即可。

PART 4

懒人也能做好
水产海鲜类

懒人妙招:
省掉处理食材的步骤

水产海鲜类食材含有优质的蛋白质,

营养价值非常高。

但一些烹饪新手或是懒人往往觉得做水产

海鲜类菜肴很麻烦,

轻易不敢尝试。

其实,制作这一类菜肴,

最麻烦的是预处理,

我们可以买已经处理好的,

这样就能省事省时了。

例如:可以在超市挑选已经处理好的冰鲜虾仁,

拿回家只需要洗一洗再稍微腌制一下就能下锅,

非常方便。

又如:我们可以在超市挑选已经加工好的鱿鱼卷,

拿回家即可直接下锅,也很方便。

主料

海虾（新鲜）
—————— **200** 克
芹菜 —————— **50** 克

调料

辣椒酱 ———— **1** 小匙
姜 —————————— 适量
大蒜 ————————— 适量
白糖 ————————— 少许
料酒 ———— **1** 小匙
盐 —————————— 适量

Tips

1. 挑虾线的时候可借助牙签，比较方便。
2. 做这道菜要大火快炒，以确保虾仁鲜嫩的口感。

（水产）**爆炒虾球**

做法

1. 将海虾去头尾，剥去虾壳，剖开背部去除虾线，只留虾仁。
2. 虾仁中加入盐、料酒，拌匀。
3. 芹菜择去根叶，洗净切成段。姜、大蒜切末。
4. 起油锅，下入姜蒜末、辣椒酱，小火炒出香味。
5. 下入虾仁，大火快炒至虾仁卷起变色。
6. 下入芹菜，炒匀后，放入少许白糖，再次炒匀即可。

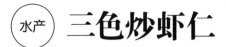 三色炒虾仁

主料

虾仁（新鲜）

　　················· **200** 克

胡萝卜············· **50** 克

玉米粒 ··········· **50** 克

豌豆粒 ··········· **50** 克

调料

姜····················· 适量

葱····················· 适量

料酒 ·············· **1** 小匙

白胡椒粉······· 少许

白糖 ········· **1/3** 小匙

水淀粉 ········· **2** 大匙

鸡精········· **1/3** 小匙

盐····················· 适量

做法

1. 鲜虾仁洗净沥干，放入料酒、胡椒粉、盐，抓匀待用。胡萝卜洗净去皮切成小丁，玉米粒与豌豆粒洗净沥干。姜与葱切成末。

2. 热锅放油，下入虾仁，炒至虾仁变色后舀出，待用。

3. 锅内再加少许油，下入胡萝卜丁、玉米粒、豌豆粒，炒匀后，放入适量的水，煮两三分钟，将锅内的材料煮熟。

4. 待水差不多收干时，放入盐、白糖、鸡精，炒匀。

5. 放入之前炒好的虾仁与葱姜末，炒匀至虾仁熟透。

6. 放入水淀粉，炒匀即可。

Tips

1. 如果买的鲜虾仁没有去掉虾线，要先用牙签将虾线挑去。

2. 也可以用冷冻虾仁，提前一晚将其从冷冻室移至冷藏室让它慢慢解冻。

3. 一般虾仁炒至卷曲、头尾紧挨在一起的时候，说明已经熟透了。

水产 干烧虾

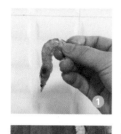

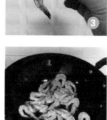

主料

海虾（新鲜）
.... **300** 克

调料

郫县豆瓣........	**1** 大匙
姜....................	适量
大蒜	适量
葱....................	适量
料酒	**1** 小匙
生抽	**1** 大匙
盐....................	适量
白糖	**1/2** 小匙
陈醋	**1** 小匙

做法

1. 将虾剪去虾脚、虾须、虾枪，用牙签在虾尾部的最后一节处将虾线挑断。

2. 在虾的头部与身体相连处将虾线挑出。

3. 再挤出虾头部的沙包。

4. 用刀将虾背剖开。

5. 郫县豆瓣剁碎，姜、大蒜、葱均切末。

6. 起油锅，下入处理好的虾，炒至虾身变色后盛出待用。

7. 锅内再放入适量油，下入郫县豆瓣、姜蒜末，炒出红油。

8. 倒入约 60 毫升水，煮开。

9. 下入步骤 6 炒好的虾，下入白糖、生抽、料酒、盐，煮约 3 分钟至汤汁收干。最后沿锅边淋入陈醋，撒入葱末，炒匀即可。

Tips
1. 郫县豆瓣中含有盐分，所以需酌量放盐。
2. 饭店里做的干烧虾，虾一般经过油炸。在家里制作的时候，可以用炒来代替炸，这样既健康又省油。
3. 去虾线的时候，用牙签比较方便。

主料

海虾（新鲜）
················· **200** 克
洋葱 ················· **50** 克

调料

青尖椒 ··········· **15** 克
干辣椒 ············· **3** 克
姜 ·················· 适量
大蒜 ················ 适量
葱 ·················· 适量
熟白芝麻 ········· 少许
辣椒油 ·············· 适量
白糖 ················ 少许
生抽 ············· **1** 小匙
料酒 ············· **1** 小匙
盐 ·················· 适量

做法

1. 将虾洗净，剪去虾须、虾枪、虾脚，剖开虾背挑去虾线，加入少许盐与料酒，拌匀后腌制片刻。

2. 洋葱切丝，青尖椒切丝，干辣椒去籽剪成段，大蒜切片，姜切丝，葱切段。

3. 锅内放入适量油，烧至七成热，下入虾，炸至金黄色时捞出，沥干油分。

4. 锅内留底油，下入干辣椒、姜丝、蒜片，小火炒出香味。

5. 放入青尖椒与洋葱，炒匀。

6. 放入步骤 3 炸好的虾，放入盐、白糖、生抽，炒匀。最后淋辣椒油，放入葱段，炒匀后关火，撒熟白芝麻即可。

Tips

1. 步骤 4 要用小火，以免干辣椒炒煳。

2. 切洋葱容易使人流泪。可将洋葱先切成两半，放入水中浸泡几分钟后再切。也可在切洋葱的时候嘴里含一口水，这样可避免流泪。

3. 如果没有辣椒油，可用少许辣椒粉来代替。

水产 炒花蛤

主料	
花蛤	**500** 克

调料	
青尖椒	**1** 个
红尖椒	**1** 个
姜	适量
大蒜	适量
葱	适量
生抽	**1** 大匙
蚝油	**1** 大匙
料酒	**1** 小匙
白糖	**1** 小匙
清水	**50** 毫升
水淀粉	**2** 小匙
盐	少许

做法

1. 将花蛤放入淡盐水中浸泡约 2 小时，让其吐净泥沙，然后洗净沥干。

2. 青、红尖椒切圈，大蒜切片，姜切丝，葱切段。在小碗中加生抽、料酒、蚝油、盐、白糖、清水，调成调味汁。

3. 起油锅，爆香姜蒜后倒入步骤 2 调好的调味汁，煮开。

4. 下入处理好的花蛤，快速翻炒均匀。

5. 下入青、红尖椒，炒匀后盖上锅盖，焖约 3 分钟。

6. 待花蛤全部张开后倒入水淀粉，下入葱段，炒匀。

Tips

1. 买回来的花蛤放入淡盐水中浸泡一段时间，可以让其吐净泥沙。

2. 花蛤本身有咸味，所以只需放少量盐或不放盐。

水产 **辣炒田螺**

主料

田螺 ·············· **400** 克

调料

紫苏 ·············· **50** 克
小米椒 ·············· **3** 个
姜 ·············· 适量
大蒜 ·············· 适量
辣椒油 ·········· **2** 小匙
芝麻油 ·········· **1** 小匙
生抽 ·············· **2** 小匙
白糖 ·············· **1** 小匙
盐 ·············· 适量
料酒 ·············· **2** 小匙

做法

1. 将所有材料洗净。

2. 紫苏切丝，小米椒切圈，姜与大蒜切末。

3. 起油锅，下入小米椒、姜蒜末，爆香。

4. 下入田螺，大火翻炒。

5. 下入料酒，炒匀。

6. 倒入约 200 毫升热水，下入盐、白糖、生抽，盖上锅盖，煮约 5 分钟。

7. 至汤汁收干，下入紫苏，炒匀。

8. 下入辣椒油、芝麻油，炒匀即可。

Tips

1. 买田螺的时候，最好买那种已经处理干净的。如果是没有处理过的田螺，买回家之后要放入淡盐水中浸泡几小时，让其吐净泥沙，再用钳子夹去尾部。

2. 清洗田螺的时候，要反复搓洗干净。

3. 配料中的紫苏必不可少，因其可去除田螺的腥味。

水产 **辣炒鱿鱼**

主料

鱿鱼卷（冷冻）
·················· **300** 克
洋葱 ·················· **50** 克

调料

姜 ···················· 适量
葱 ···················· 适量
郫县豆瓣 ········· **1** 小匙
料酒 ·············· **1** 小匙
白糖 ·············· **1/2** 小匙
生抽 ·············· **1** 大匙
陈醋 ·············· **1** 小匙
盐 ···················· 适量

做法

1. 将鱿鱼卷提前解冻，洗净沥干。

2. 洋葱切丝，郫县豆瓣剁碎，葱切段，姜切丝。

3. 起油锅，下入郫县豆瓣、姜丝，炒出红油后，下入洋葱，炒出香味。

4. 下入处理好的鱿鱼，快速翻炒均匀后，下入白糖、盐、生抽、料酒、陈醋、葱段，炒匀即可。

翻炒鱿鱼的时间不宜过久，以免鱿鱼肉质变老，影响口感。

家常炒鱿鱼

主料

鱿鱼卷（冷冻）

———————— **300** 克

洋葱 ———————— **50** 克

调料

青尖椒 —————	**25** 克
红尖椒 —————	**25** 克
姜 —————————	适量
大蒜 —————	适量
葱 —————————	适量
料酒 —————	**1** 小匙
白糖 —————	**1/2** 小匙
生抽 —————	**1** 大匙
陈醋 —————	**1** 小匙
盐 —————————	适量

做法

1. 将冷冻鱿鱼卷提前解冻，洗净沥干。

2. 青、红尖椒切圈，洋葱切块，姜切丝，大蒜切片，葱切段。

3. 起油锅，下入姜丝、蒜片、青红尖椒、洋葱块，大火快炒至洋葱出香味。

4. 下入沥干的鱿鱼、生抽、白糖、盐和料酒，快速翻炒均匀。最后放入葱段，沿锅边淋入陈醋，炒匀即可。

翻炒鱿鱼的时间不宜过久，以免鱿鱼肉质变老，影响口感。

（水产）韭菜薹炒鱿鱼须

主料

鱿鱼须 ········· **300 克**
韭菜薹 ········· **100 克**

调料

小米椒 ··············· **3 个**
姜 ····················· 适量
大蒜 ·················· 适量
白糖 ············· **1/2** 小匙
生抽 ··············· **1** 大匙
料酒 ··············· **1** 小匙
盐 ···················· 适量

做法

1. 用厨房纸或干净的抹布用力擦拭鱿鱼须，去除表面的薄膜。

2. 将擦好的鱿鱼须洗净沥干。

3. 将沥干的鱿鱼须切成约 5 厘米长的段。

4. 韭菜薹洗净沥干，切成约 5 厘米长的段，小米椒切圈，姜切丝，大蒜切片。

5. 起油锅，放入姜丝、蒜片、小米椒圈，小火爆香。

6. 下入鱿鱼须，调大火，快速翻炒至鱿鱼须变色。

7. 下入料酒，炒匀。

8. 下入韭菜薹，快速炒匀。

9. 最后放入生抽、盐、白糖，炒匀即可。

Tips

1. 鱿鱼须要大火快炒，炒的时间不要太长，以免口感太老。

2. 下入韭菜薹后要快速炒匀，以保持其清香的口感。

153

图书在版编目（CIP）数据

懒人下厨　炒炒就好 / 爱厨房著 . —北京：北京科学技术出版社，2021.1
ISBN 978-7-5714-0761-2

Ⅰ . ①懒⋯　Ⅱ . ①爱⋯　Ⅲ . ①炒菜—菜谱　Ⅳ . ① TS972.12

中国版本图书馆 CIP 数据核字（2020）第 118850 号

策划编辑：宋　晶
责任编辑：白　林
责任印制：张　良
图文制作：天露霖文化
出 版 人：曾庆宇
出版发行：北京科学技术出版社
社　　址：北京西直门南大街16号
邮政编码：100035
电　　话：0086-10-66135495（总编室）　0086-10-66113227（发行部）
网　　址：www.bkydw.cn
印　　刷：北京印匠彩色印刷有限公司
字　　数：140千字
开　　本：720mm×1000mm　1/16
印　　张：10
版　　次：2021年1月第1版
印　　次：2021年1月第1次印刷
ISBN 978-7-5714-0761-2

定　　价：58.00元